土木工程科技创新与发展研究前沿丛书

主余震序列作用下带伸臂桁架超高层建筑抗震性能研究

芮　佳　李中辉　朱彦鹏　王春好　著

中国建筑工业出版社

图书在版编目（CIP）数据

主余震序列作用下带伸臂桁架超高层建筑抗震性能研究 / 芮佳等著. — 北京：中国建筑工业出版社，2023.8

（土木工程科技创新与发展研究前沿丛书）

ISBN 978-7-112-28769-7

Ⅰ. ①主… Ⅱ. ①芮… Ⅲ. ①高层建筑-悬臂桁架-抗震性能-研究 Ⅳ. ①TU973

中国国家版本馆 CIP 数据核字（2023）第 099165 号

　　强主震之后往往伴随强余震的发生，这在近些年较大地震中已得到验证，主震对结构造成损伤后，余震在很大概率程度上会增加结构的损伤程度，甚至导致结构倒塌。与此同时，由于主余震之间的发生时间间隔较短，主震发生后对已有受损结构无法进行及时维修，这就需要在结构抗震设计及评估中有效合理的考虑强余震，对结构危险性进行评估。超高层建筑在抗震设计中考虑主余震序列的影响是一项复杂庞大的工作，其内容涉及地震动参数特征、现行《规范》体系、超高层结构设计、结构损伤分析及抗震性能概率等问题。

　　本书是一本关于考虑主余震作用下带伸臂桁架超高层建筑抗震性能的应用研究型著作，全书共 5 章，较为系统的讨论了主余震序列构造、结构整体损伤评估、相关试验研究及倒塌概率分析。可供工程地震和结构抗震专业人员、高等院校及科研院所相关专业教师和研究生阅读及参考。

责任编辑：赵　莉　吉万旺
责任校对：刘梦然
校对整理：张辰双

土木工程科技创新与发展研究前沿丛书

**主余震序列作用下带伸臂桁架
超高层建筑抗震性能研究**

芮　佳　李中辉　朱彦鹏　王春好　著

*

中国建筑工业出版社出版、发行（北京海淀三里河路 9 号）
各地新华书店、建筑书店经销
北京鸿文瀚海文化传媒有限公司制版
临西县阅读时光印刷有限公司印刷

*

开本：787 毫米×960 毫米　1/16　印张：12　字数：234 千字
2023 年 7 月第一版　　2023 年 7 月第一次印刷
定价：**142.00** 元
ISBN 978-7-112-28769-7
（41201）

前　　言

　　根据已有地震后调查结果表明，地震过程中仅发生单次地震即孤立型地震的概率较低，其发生概率仅为10.87%。强主震之后往往伴随强余震的发生，主震对结构造成损伤后，余震在很大概率上会增加结构的损伤程度，甚至导致结构倒塌。与此同时，由于主余震之间的发生时间间隔较短，主震发生后对已有受损结构无法进行及时维修，这就需要在结构抗震设计及评估中有效合理地考虑强余震，对结构危险性进行评估。目前国内、外结构抗震设计规范均采用单主震的设计方法。超高层建筑由于建筑经济成本以及人员使用密集程度，忽略余震对结构损伤的影响，会使得结构在遭受主余震序列地震动时可能无法满足预期的抗震性能，进而造成大量不必要的人员伤亡和严重的经济损失。因此基于主余震理论对超高层建筑的抗震性能进行研究具有重要的理论意义和工程价值。

　　超高层建筑在抗震设计中考虑主余震序列的影响是一项复杂庞大的工作，其内容涉及地震动参数特征、现行规范体系、超高层结构设计、结构损伤分析及抗震性能概率等问题。本书是一本关于考虑主余震作用下带伸臂桁架超高层建筑抗震性能的应用研究型著作，全书共5章，呈现了主要的研究过程和研究成果。

　　第1章介绍主余震作用下带伸臂桁架超高层抗震性能研究进展，根据本书涉及的研究领域，分别从主余震序列的构造方法、带伸臂超高层结构关键节点试验及分析、结构整体损伤的评估方法、主余震序列作用下带伸臂桁架超高层非弹性反应特征等问题系统地讨论了现有研究成果以及存在的不足。

　　第2章基于地震动衰减的主余震序列构造方法。首先从全球范围内选取大量的主余震地震动实际记录，研究主余震地震动参数比值随震级、断层距、场地的变化特性，拟合出相应的主余震地震动预测公式。在此基础上为了便于工程抗震使用，结合现行国家标准《建筑抗震设计规范》GB 50011给出了基于设防烈度的余震地震动PGA相对强度系数。通过与实际地震动数据的对比验证拟合公式的合理性，通过残差分析验证主余震地震动参数的比值符合对数正态分布，并与其他的预测公式进行比较分析。继而根据主余震地震动参数的比值关系结合已有的国内外研究成果，最终提出一种基于主震频谱相关的主余震序列的构造方法。

　　第3章带伸臂桁架超高层关键节点抗震性能试验。其目的在于根据试验结果确定弹塑性分析中材料本构以及数值模拟参数，为后续结构在主余震非弹性反应特征分析提供可靠依据。本章主要进行了伸臂桁架与核心筒剪力墙连接节点的低周往复加载试验，对节点的滞回曲线、骨架曲线、应变分布、破坏形态、承载力退化、强度退化、刚度退化、延性以及耗能能力进行了分析，按照相似理论将原型结构的内力进行了折减，将节点模型与原型结构在多遇地震、设防地震和罕遇地震下对应的内力进行了对比，对节点对应的实体结构连接节点抗震性能进行了评价。其次，在节点破坏形态和破坏特征分析的基础上，通过选取合理的材料本构关系，利用有限元软件 Abaqus 建立了节点在低周往复荷载作用下的有限元分析模型，并通过节点的滞回曲线和变形特征对有限元模型的准确性进行了验证。

第 4 章结构弹塑性整体损伤指数。主要研究了震后结构损伤评定指标的结构整体损伤指数，目的是为后续章节带伸臂桁架超高层建筑在主余震作用下结构整体评价指标提供依据。首先对目前国内外结构整体损伤指数具有代表性的24 种模型，根据参数相关性进行分类，分别对其理论优缺点、工程适用性进行讨论。并在前述已有研究成果的基础上吸收其理论合理经验，提出了基于结构应变能的结构整体损伤指数模型。算例模型选取较为常用且具有典型代表性的 6 种整体损伤指数模型，与本书整体损伤指数模型进行差异性及合理性分析，检验了基于结构应变能的结构整体损伤指数模型对超高层建筑的结果合理性及工程适用性。

第 5 章为主余震作用下带伸臂桁架超高层抗震性能分析，根据前述各章节的研究成果，根据现行国家标准《建筑抗震设计规范》GB 50011、《中国地震动参数区划图》GB 18306 中的地震动参数以设防烈度、场地作为标准模型划分标准，结合工程实践中相应主要结构参数，建立了 6 个具有代表性的 240m 高度带伸臂桁架超高层的标准模型。共选取 600 组天然主余震序列地震动，结合本书提出的主余震峰值加速度比值的预测公式对实际记录进行调幅后进行主余震非弹性反应分析。地震动激励方式采用主震、主余震序列分别加载，共计对 1200 个有限元模型进行比较分析。分析内容包括余震对增量损伤的影响、主震受损程度对增量损伤的影响、结构动力特性对损伤增量的影响等主要影响特征，并得到损伤增量在本书给出的主要地震动参数下的损伤概率分布规律和结构易损性分析。结合损伤分布规律，对核心筒剪力墙、伸臂桁架等关键构件损伤状况及楼层耗能分布进行统计分析。

本书的研究工作得到了甘肃省科学技术厅、甘肃省住房和城乡建设厅、甘肃省抗震防灾协会、甘肃省土木建筑学会、甘肃省超限高层建筑工程抗震设防审查专家委员会、甘肃工程咨询集团股份有限公司、甘肃省城乡规划设计研究院有限公司、兰州理工大学、青海大学的多方支持。

本书由李中辉、朱彦鹏提出研究思路，芮佳进行主要撰写工作，朱彦鹏、芮佳、李中辉、王春好统一定稿。参与研究工作的有研究生施雨捷、王皓东等，他们的辛勤劳动使研究工作逐步深入，是保障本书顺利完成的重要条件之一。著者从事结构设计及科研工作多年，受到很多领导、前辈、老师和同行的指导和帮助，在此致以衷心的感谢。

由于著者水平有限，书中难免存在疏漏和不足之处，衷心希望读者不吝赐教。

2022 年于兰州

▪ 目　　录 ▪

第1章　主余震作用下带伸臂桁架超高层抗震性能研究进展 ·················· 1
　1.1　引言 ··· 1
　1.2　主余震序列构造方法研究进展 ································· 8
　1.3　带伸臂桁架超高层关键节点试验及分析研究进展 ············· 10
　1.4　结构整体损伤评估方法的研究进展 ························· 13
　1.5　主余震序列作用下结构非弹性反应特征研究进展 ············· 17
　1.6　小结 ··· 21

第2章　基于地震动衰减的主余震序列构造方法 ················· 23
　2.1　引言 ··· 23
　2.2　主余震地震动衰减模型 ····································· 24
　　2.2.1　衰减模型 ··· 25
　　2.2.2　回归结果 ··· 32
　　2.2.3　衰减模型合理性论证 ··································· 34
　　2.2.4　残差分析 ··· 38
　　2.2.5　与其他模型的比较 ····································· 40
　2.3　设防烈度的余震地震动相对强度 ··························· 42
　2.4　主余震序列构造方法 ······································· 43
　2.5　小结 ··· 50

第3章　带伸臂桁架超高层关键节点抗震性能试验 ··············· 52
　3.1　引言 ··· 52
　3.2　试验概况 ··· 52
　　3.2.1　试件设计与制作 ······································· 53
　　3.2.2　试验加载装置及试件安装 ······························· 56
　　3.2.3　试验加载过程以及数据采集 ····························· 56
　　3.2.4　试件加工及材性试验 ··································· 59
　3.3　节点试验现象及应力-应变关系 ····························· 61
　　3.3.1　试验现象 ··· 61
　　3.3.2　滞回关系曲线 ··· 69
　　3.3.3　试验现象对比 ··· 70
　　3.3.4　试件应变分布 ··· 70
　　3.3.5　节点破坏形态分析 ····································· 72

3.3.6　节点破坏特征 ……………………………………… 73

3.4　试验结果分析 ……………………………………………… 74
　3.4.1　试件荷载-位移骨架曲线 ………………………… 74
　3.4.2　试件承载力和强度退化规律 ……………………… 75
　3.4.3　节点模型与原型结构承载力对比 ………………… 76
　3.4.4　刚度退化规律 ……………………………………… 78
　3.4.5　位移延性系数 ……………………………………… 78
　3.4.6　节点耗能能力 ……………………………………… 80

3.5　有限元模型的建立及验证 ………………………………… 83
　3.5.1　本构模型选取 ……………………………………… 83
　3.5.2　边界条件、单元选取及网格划分 ………………… 88
　3.5.3　界面接触属性 ……………………………………… 88
　3.5.4　有限元模型验证 …………………………………… 90

3.6　小结 ………………………………………………………… 92

第4章　结构弹塑性整体损伤指数 …………………………… 94
4.1　引言 ………………………………………………………… 94
4.2　现有结构整体损伤指数分析比较 ………………………… 95
　4.2.1　整体损伤指数法 …………………………………… 95
　4.2.2　加权系数组合法 ………………………………… 100
　4.2.3　基于 Park-Ang 的整体损伤指数讨论 ………… 104
4.3　基于结构应变能的结构整体损伤指数 ………………… 105
4.4　算例分析 ………………………………………………… 111
4.5　小结 ……………………………………………………… 124

第5章　主余震作用下带伸臂桁架超高层抗震性能分析 … 126
5.1　引言 ……………………………………………………… 126
5.2　结构模型及地震记录 …………………………………… 127
　5.2.1　根据《抗震规范》地震动参数的模型分组 …… 127
　5.2.2　分析模型主要信息 ……………………………… 129
　5.2.3　有限元分析模型及本构关系 …………………… 134
　5.2.4　地震记录及激励方式 …………………………… 142
5.3　主余震作用下损伤指数的变化规律 …………………… 145
　5.3.1　结构整体损伤指数分布 ………………………… 145
　5.3.2　损伤指数的变化规律 …………………………… 147
5.4　主震受损结构动力特性对损伤增量的影响 …………… 151
5.5　主余震作用下结构倒塌概率分析 ……………………… 156

5.6　主余震作用下结构易损性分析 ·································· 160

5.7　主余震作用下关键构件损伤变化规律 ···················· 162

　　5.7.1　关键构件损伤指数分布规律 ························· 163

　　5.7.2　楼层滞回耗能沿结构竖向分布规律 ··············· 168

5.8　小结 ·· 171

参考文献 ·· 173

■第 *1* 章■

主余震作用下带伸臂桁架超高层抗震性能研究进展

1.1 引言

根据全世界范围内有完整记录的历次强震表明，当地震主震发生后会伴随强余震的发生。例如，1999 年 9 月 21 日我国台湾发生的集集（CHI-CHI）地震，其主震的矩震级为 7.6 级，在主震发生后的 6 天内就连续发生了 5 次矩震级在 5.8 级以上的强烈余震，其中，最强余震的矩震级达 6.3 级[1]。2008 年 5 月 12 日我国四川发生的汶川地震，其主震的矩震级为 8.0 级，主震发生后的数天同样记录了大量的强余震发生。截至 2008 年 5 月 31 日，6.0 级以上的余震就多达 5 次，其中最强余震震级达 6.4 级[2]。日本在 2011 年 3 月 11 日发生主震震级为 9.0 级的东日本大地震，在主震发生后的短短 40 分钟之内就连续有 3 次震级超过 7.0 级的强烈余震发生[3]。

传统的观点认为与主震相比，余震的震级、峰值加速度等地震动参数都小于主震，因此忽视了余震对建筑物的破坏影响。然而根据近些年地震工程学的不断发展，对余震的研究发现：1）余震主要是由于主震地震动引起的动态地震波冲击，这在整个地震过程中属于概率极高的二次能量释放过程，并且会引发潜在的破坏势增长。2）结构在主震发生后，较大概率已经进入非线性阶段，结构出现塑性变形及刚度退化，承载能力也会相应下降，在短时间内结构损伤来不及修复就再次经历余震，较小的能量释放也会使地震对结构的危险性成倍增加。

根据对近期发生的大地震的震害调查结果显示，余震对结构的破坏不容忽视。如 1999 年我国台湾集集（CHI-CHI）地震中，图 1.1（a）是当地某街道在经历主震之后房屋表观状态。从图中可以看出，建筑物基本完好，没有明显的过大变形，仅从相关资料得知该部分建筑物上出现了一些裂纹。图 1.1（b）显示余震过后街道中受损建筑完全倒塌。

1999 年土耳其 Kocaeli 地区发生了 7.4 级强震，一个月后该地区又发生了 5.9 级余震[4]，图 1.2 给出了此次地震中某 7 层建筑在经历主震及余震后的震害

(a) 主震后　　　　　　　　　　　(b) 余震后

图 1.1　1999 年我国台湾集集地震某街道分别经历主震、余震后的现场照片

现象，可以明显看出余震的危害性。

(a) 主震后　　　　　　　　　　　(b) 余震后

图 1.2　土耳其 Kocaeli 地区地震中某建筑在经历主震及余震后的震害现象

　　2010 年 9 月 4 日，新西兰克赖斯特彻奇发生了震级为 7.1 级的大地震。当主震发生后根据震害调查，当地的 PGC 大楼基本保持完好，仅在部分墙面发现了一些较小的斜裂缝，地震造成 2 人受伤，经济损失也相对很小。然而接下来在 2011 年 2 月 22 日发生了震级为 6.3 级的余震中，当地造成了 180 多人死亡以及接近 800 栋房屋倒塌的重大损失，同时还有大量人员受伤和房屋受损[5]，当地的 PGC 大楼也在余震中倒塌。图 1.3 是主余震作用下的 PGC 大楼。

　　2016 年 8 月 24 日，意大利中部拉齐奥大区列蒂省发生了震级为 6.1 级的主震。8 月 25 日发生的一次 4.3 级余震导致本已严重受灾的列蒂省的更多建筑坍塌。2020 年 6 月 23 日早晨在墨西哥发生 7.4 级地震，在此次地震中共发生 653 次余震，其中最大的余震震级为 5.1 级，余震造成更为严重的经济损失及人员伤亡。

<table>
<tr><td>(a) 2010年主震后PGC大楼基本完好</td><td>(b) 2011年余震作用下倒塌的PGC大楼</td></tr>
</table>

图 1.3　新西兰 7.1 级地震 PGC 大楼分别经历主震、余震后的现场照片

根据上述震害结果显示，建筑结构不应忽视余震对主余震序列作用下结构的震害反应。对于超高层建筑由于其对地震作用更加敏感，加之其较高的建造成本以及密集的人员数量，研究其主余震序列地震作用下的抗震性能显得尤为重要。但超高层建筑结构体系众多，在本次的研究中也很难全面地对众多的超高层建筑结构体系逐一研究。那就有必要选择一种具有代表性的结构体系进行研究，或者说哪种体系目前在已有的超高层建筑中使用最多，那么对其研究就具有典型意义。

超高层建筑中结构体系选择的主要限制在于结构的高宽比较大，结构在受地震作用时，抗侧构件数量、截面受到建筑功能限制，整体抗侧刚度小，继而结构变形过大、主要抗侧构件内力过大导致设计实现困难。提高结构整体的抗侧刚度，并且能满足建筑的使用功能成为超高层设计最为关键的问题。一方面单纯为了增加结构的抗侧刚度，会使得构件截面呈几何倍数增加，导致使用功能受到限制。另一方面结构构件截面增加较快时，结构自重及地震作用也会增加，非常不经济。世界著名结构工程师 Barkachi[6]，于 1962 年在设计加拿大蒙特利尔的一栋 47 层建筑时，为了获得建筑功能需求与结构整体抗侧刚度一致性，创造性地在结构中设置了加强层。自此以后这种设计思路在高层建筑中得到了广泛的应用，逐渐成为超高层建筑结构体系中最为重要的部分。表 1.1 列出了对目前我国 200m 以上超高层建筑结构形式的调研结果。不难看出，带加强层超高层建筑是我国超高层建筑的主要发展趋势，其中加强层形式一般是以钢桁架为主的伸臂桁架，辅助以环带桁架提高抗侧刚度。

国内 200m 以上超高层建筑的结构形式现状　　　　　　　　　　　　　表 1.1

序号	名称	建筑高度（m）	结构形式	加强层设置	加强层类型
1	深圳平安金融中心	648	巨型桁架筒-核心筒	4 道加强层	伸臂桁架＋环带桁架
2	上海中心	632	巨柱框架-核心筒	8 道加强层	伸臂桁架＋环带桁架

续表

序号	名称	建筑高度（m）	结构形式	加强层设置	加强层类型
3	天津高银117(在建)	597	巨型斜撑外框架-核心筒	9道加强层	巨型腰桁架
4	沈阳宝能金融中心	565	巨型斜撑外框架-核心筒	8道加强层	4道伸臂桁架 8道环带桁架
5	广州东塔(周大福金融中心)	532	巨柱框架-核心筒	4道加强层	伸臂桁架+环带桁架
6	天津周大福金融中心	530	带陡斜撑框架-核心筒	7道加强层	环带桁架
7	北京中信大厦	528	巨型斜撑外框架-核心筒	8道加强层	腰桁架+角度桁架
8	合肥恒大中心	518	巨柱框架-核心筒	3道加强层	伸臂桁架+环带桁架
9	台北101	508	框架-核心筒	10道加强层	伸臂桁架+环带桁架
10	苏州中南中心	499.15	巨型框架-核心筒	3道加强层	伸臂桁架
11	绿地金茂国际金融中心	499	巨型框架-核心筒	3道加强层	伸臂桁架
12	河西鱼嘴G97	498	巨型框架-核心筒	3道加强层	伸臂桁架
13	中国国际丝路中心	498	框架-核心筒	3道加强层	伸臂桁架+环带桁架
14	上海环球金融中心	492	巨型桁架筒-核心筒	3道加强层	伸臂桁架+环带桁架
15	香港环球贸易广场	484	巨型桁架筒-核心筒	3道加强层	伸臂桁架+环带桁架
16	上海北外滩中心	480	框架-核心筒	3道加强层	伸臂桁架+环带桁架
17	武汉绿地中心	475	巨柱框架-核心筒	9道加强层	3道伸臂桁架 9道环带桁架
18	重庆国际金融中心	470	框架-核心筒	3道加强层	伸臂桁架+环带桁架
19	天津富力广东大厦A座	468	巨型斜撑外框架-核心筒	8道加强层	伸臂桁架+环带桁架
20	成都绿地中心	468	巨型斜撑外框架-核心筒	3道加强层	伸臂桁架
21	长沙IFS大厦T1	452.1	框架-核心筒	2道加强层	伸臂桁架+环带桁架
22	南京紫峰大厦	450	框架-核心筒	3道加强层	伸臂桁架
23	苏州IFC	450	框架-核心筒	4道加强层	伸臂桁架+环带桁架
24	苏州国际金融中心	450	巨型框架-核心筒	4道加强层	伸臂桁架+环带桁架
25	深圳京基100	441.8	巨型钢框架-核心筒	5道加强层	3道伸臂桁架 5道环带桁架
26	重庆瑞安"嘉陵帆影"	440	框架-核心筒	6道加强层	4道伸臂桁架 6道环带桁架

续表

序号	名称	建筑高度（m）	结构形式	加强层设置	加强层类型
27	武汉中心	438	框架-核心筒	3 道加强层	伸臂桁架＋环带桁架
28	广州西塔	432	巨型钢管混凝土柱斜交网格外筒＋核心筒	\	\
29	东莞国贸中心	428.8	矩形钢管混凝土（CFT）柱和钢梁的组合外框架-核心筒	2 道加强层	伸臂桁架＋环带桁架
30	上海金茂大厦	420.5	框架-核心筒	3 道加强层	桁架
31	南宁华润中心	403	钢框架-核心筒	2 道加强层	伸臂桁架＋环带桁架
32	深圳华润集团总部大厦	400	钢密柱框架-核心筒	\	\
33	广州中信广场	391	框架-核心筒	\	\
34	城脉中心	388	巨型框架-核心筒外伸臂结构体系	5 道加强层	伸臂桁架
35	大连国贸中心	370.1	框架-核心筒	5 道加强层	伸臂桁架＋环带桁架
36	广州广晟国际大厦	360	框架-核心筒	2 道加强层	伸臂桁架
37	深湾汇云中心	358.7	巨型框架-核心筒	8 道加强层	伸臂桁架
38	苏州绿地中心	358	框架-核心筒	5 道加强层	伸臂桁架
39	重庆来福士广场	356	巨型钢框架-核心筒	4 道加强层	伸臂桁架＋环带桁架
40	国睿-西安金融中心	350	框架-核心筒	5 道加强层	伸臂桁架
41	深圳汉京金融中心	350	巨型框架支撑结构	\	\
42	天津现代城办公塔楼	339	框架-核心筒	2 道加强层	伸臂桁架＋环带桁架
43	北京国际贸易中心三期	330	组合支撑框架-核心筒	2 道加强层	伸臂桁架＋环带桁架
44	珠海十字门	322.9	框架-核心筒	1 道加强层	伸伸臂桁架＋环带桁架
45	上海白玉兰广场	320	框架-核心筒	2 道加强层	伸臂桁架
46	广州环球都会广场	318	钢框架-核心筒	2 道加强层	伸臂桁架
47	深圳长富金茂大厦	312	框架-核心筒	3 道加强层	伸臂桁架
48	柳州地王国际财富中心	311	框架-核心筒	1 道加强层	伸臂桁架
49	广州珠江新城 B2-10	309	巨型斜撑外框架-核心筒	3 道加强层	伸臂桁架
50	广发证券大厦	308	钢框架-核心筒	3 道加强层	伸臂桁架

续表

序号	名称	建筑高度（m）	结构形式	加强层设置	加强层类型
51	无锡茂业城	304.1	框架-核心筒	3 道加强层	伸臂桁架
52	广州利通大厦	302	钢斜撑框架-核心筒	3 道加强层	伸臂桁架
53	西安环球贸易中心	299.75	框架-核心筒	3 道加强层	伸臂桁架
54	天津诺德英蓝国际金融中心	293	巨型框架-核心筒	4 道加强层	伸臂桁架＋环形桁架
55	重庆保利国际广场	286.8	框架-核心筒	2 道加强层	伸臂桁架
56	郑州银基中央广场	286	框架-核心筒	3 道加强层	伸臂桁架
57	扬州东方国际大酒店	280	框架-核心筒	3 道加强层	伸臂桁架＋环带桁架
58	郑州绿地中央广场	280	钢框架-核心筒	\	\
59	奥克斯杭州未来中心	280	矩形钢管混凝土柱＋钢框架梁＋钢筋混凝土核心筒结构体系	3 道加强层	伸臂桁架＋环带桁架
60	北京财富中心二期办公楼	265	框架-核心筒	4 道加强层	伸臂桁架＋环带桁架
61	北京绿地中心	260	框架-核心筒	1 道加强层	伸臂桁架＋环带桁架
62	昆明江东和谐广场	253.6	框架-核心筒	4 道加强层	伸臂桁架＋环带桁架
63	兰州红楼时代广场	245	钢框架-核心筒	2 道加强层	伸臂桁架＋环带桁架
64	深圳航天科技广场	241.7	框架-核心筒	3 道加强层	伸臂桁架＋环带桁架
65	北京电视中心	236.4	巨型框架-支撑钢结构	4 道加强层	伸臂桁架＋环带桁架
66	华敏帝豪大厦	235.1	框架-核心筒	3 道加强层	伸臂桁架＋环带桁架
67	厦门海峡明珠广场	235	框架-核心筒	2 道加强层	伸臂桁架＋环带桁架
68	中铁西安中心	231.3	框架-核心筒	1 道加强层	伸臂桁架＋环带桁架
69	武汉方正金融中心	231	钢框架-核心筒	2 道加强层	伸臂桁架＋环带桁架
70	重庆国汇中心酒店	227.5	框架-核心筒	2 道加强层	伸臂桁架
71	深圳能源集团总部大厦	222	框架-核心筒	2 道加强层	伸臂桁架
72	西安延长石油科研中心	221.5	框架-核心筒	2 道加强层	伸臂桁架
73	兰州盛达金城广场	212	钢框架-核心筒	2 道加强层	伸臂桁架＋环带桁架
74	大连新世界塔东塔楼	205.3	框架-核心筒	3 道加强层	伸臂桁架
75	大连嘉和广场	205	框架-核心筒	3 道加强层	伸臂桁架

续表

序号	名称	建筑高度 (m)	结构形式	加强层设置	加强层类型
76	大连万达中心南塔楼	202.4	框架-核心筒	2 道加强层	伸臂桁架
77	天津富润中心办公楼塔楼	200	框架-核心筒	3 道加强层	伸臂桁架
78	天津富润中心公寓塔楼	200	框架-核心筒	2 道加强层	伸臂桁架

　　虽然超高层建筑结构体系较多，但通过上述调研可见，超高层建筑结构体系中带伸臂桁架超高层是我国超高层结构体系的主要发展方向，故应该作为首要的研究对象。超高层建筑结构对地震作用更加敏感，其建造成本以及使用人员数量都决定了其比普通建筑有更高的性能要求，研究其抗震性能显得尤为重要。遗憾的是，根据对国内外现行抗震规范[7-10]进行梳理，所有的抗震设计理念都是在基于主震设计的基础上进行时，没有考虑强余震对结构在主震震损后的附加损伤影响，这会导致超高层建筑在普遍发生的主余震序列作用下抗震性能被高估，增加重大经济损失以及人员伤亡的概率。

　　超高层建筑其高度分布区间较大，那么选择多高的超高层建筑作为研究对象能够指导常规的设计呢？2020 年住房和城乡建设部与国家发展改革委发布《关于进一步加强城市与建筑风貌管理的通知》，明确规定"严格限制新建 250m 以上建筑，确需建设的，由省级住房和城乡建设部门会同有关部门结合消防等专题论证进行建筑方案审查，并报住房和城乡建设部备案。"故对于我国超高层建筑未来的主要高度将集中在 250m 以下，本书将研究高度集中于 240m，对其进行深入的研究将对未来主要面对的超高层建筑设计具有指导意义。

　　将余震地震动效应考虑进新一代的抗震规范中，如何挑选能够反映场地及场地分组的适宜地震动是结构弹塑性动力分析的前提。本书研究了如何根据设防烈度、场地、场地分组确定余震地震动 PGA（加速度峰值）取值。

　　为了能够较为全面地表征余震对结构附加损伤的影响、结构在主余震序列下的弹塑性反应特征，以及将余震对结构损伤的影响计入结构抗震性能设计中，研究适合超高层结构的整体损伤指数具有关键意义。

　　结构的非线性反应中，多自由度体系非弹性反应分析可以较为全面地获得在不同地震动作用下的多种结构指标。为了全面反映主余震序列下的结构反应特征，本书选取多自由度体系的非弹性反应考量余震对结构的附加损伤。虽然在对结构多自由度的非弹性反应采用非线性动力分析时，存在计算量大、耗时长及计

7

算成本高等问题，但动力弹塑性分析是目前绝大多数国家抗震规范中都明确采用的计算方法，其具有较高的准确性及分析精度，是目前性能分析中的主要评价方法。

综上所述，本书主要围绕以下内容展开研究：（1）主余震序列的构造方法；（2）带伸臂超高层结构关键节点试验及分析；（3）结构整体损伤的评估方法；（4）主余震序列作用下带伸臂桁架超高层非弹性反应特征。

1.2 主余震序列构造方法研究进展

在地震学领域，学者们在很早之前就对主余震之间的关系进行了相关研究。日本学者 Omori（大森房吉）早在 19 世纪末根据余震次数与主震发生后时间之间的衰减规律，提出了著名的 Omori 定律[11]。Gutenberg-Richter（古登堡-克里特）定律[12] 描述了地震频度与余震震级之间的关系。Bath（巴特）定律[13] 提出了预测主震与余震震级差的公式。以上这三条定律即是地震领域中的三大定律。主余震序列在地震学中较早地就被认知，但在地震工程领域其与结构反应特征之间的联系研究起步较晚，特别是主余震之间的地震动参数联系只在近几十年才开始研究。

Mahin[14] 对 Managua（马那瓜）地震序列（1972 年）作用下的单自由度体系进行评估，研究了主余震作用下的位移延性和能量需求。研究结果显示，结构的位移延性以及能量需求在余震作用下会增加。吴开统等[15] 根据实际地震中主震发生前的前震以及主震发生后的余震进行了强度与频次特征的研究，发现了余震对震损结构损伤的增强作用，指出了对于现代城市中的重要建筑、生命线工程应考虑主余震的影响。

Das 和 Gupta[16] 通过对中国台湾集集（CHI-CHI）地震中获取的大量主余震地震动记录，研究了主余震谱加速度与距离和场地的变化趋势以及随震级的变化趋势，提出了余震地震动参数的条件预测公式。Ruiz-Garcia[17] 选取了 13 次实际地震中的 184 条主余震地震动序列，通过统计分析研究主震与余震之间卓越周期的关系，其研究结果表明，主震与余震之间的卓越周期相关性只存在轻微到中等的关联程度。余震地震动的卓越周期从总体趋势上小于主震地震动的卓越周期。Moustafa 和 Takewaki[18] 通过对主余震的傅里叶谱进行比较分析，发现其频率成分存在较大差异。这一发现认为采用重复主震模拟主余震的做法与实际主余震序列地震动不符。温卫平[19] 选取了大量实际的主余震序列地震动，根据地震发生时的地质壳内的地震序列以及俯冲区域板间地震进行分类，研究了主余震地震动参数变化关系。

以上的研究主要是通过直接比较主余震之间的地震动参数来研究主余震参数之间的关系。但目前在全球范围内已获取的完整主余震序列地震动记录总体上数量还比较少，故更多的学者将研究视角关注于用构造的方法模拟实际主余震地震动序列，以此用以研究主余震对结构的反应特征。

主余震的构造序列基本可以分为两类：

第一类是根据主余震之间的烈度进行概率水平的分析，通过调整主余震之间的参数关系进行主余震序列的构造。如冯世平[20] 通过选取 El Centro 地震记录，进行钢筋混凝土框架结构的主余震序列反应特征分析，其主余震序列地震动参数关系根据罕遇地震、设防地震、多遇地震进行余震调幅，继而进行不同形式的组合模拟主余震序列。吴波和欧进萍[21,22] 基于对主余震震级之间的基本经验关系，分析在不同概率水平下的余震烈度，其研究方法考虑了随机动力分析以及确定性动力分析在主余震序列构造中的影响。Sunasaka 和 Kiremidjian[23] 在评估结构安全性时，采用了人工拟合地震动构造主余震地震动序列。Amadio 等[24] 在研究单自由度结构在主余震作用下的非弹性反应特征时，采用了重复主震的方法构造主余震序列。Li 和 Ellingwood[25] 通过构造主余震序列评价钢结构建筑的损伤程度时，以当地的地震危险性水平以及结构经验公式设定主余震参数关系。

第二类是通过拟合主余震地震动的衰减关系建立预测公式，在建立拟合预测公式时通常将地震动的主要参数，如震级、断层距、剪切波速等场地特征作为其特征函数的参数。故根据拟合预测公式在已知主震、余震的震源参数以及目标场地特征后，即可通过地震动衰减关系计算得到主余震地震动参数关系。目前针对主余震地震动衰减关系的研究中，对于是否选取余震地震参数作为衰减关系变量，不同的学者存在不同的观点。Boore 等[26,27]、Campbell 和 Bozorgnia[28,29]、Graizer 和 Kalkan[30]、Chiou 和 Youngs[31] 等学者在主余震地震动衰减关系中不考虑余震地震动参数。Douglas 和 Halldorsson[32] 在对主余震地震动拟合衰减关系时，以及 Graizer 等[33] 在建立主余震地震动衰减关系时，均不考虑主震与余震地震动之间的区别。另一方面，Abrahamson 和 Silva[34,35] 在其研究的主余震衰减关系拟合公式中，以及 Chiou 和 Youngs[36] 在其对主余震衰减关系的后期研究中，都认为应当将余震地震动参数作为主余震地震动衰减关系中的重要参数，在其相关研究中均考虑余震地震动，并且得出了相同震级的余震所产生的地震动强度会小于主震的结论。在相关主余震衰减关系的研究中，还要引起足够重视的是已有大量研究结果已证明余震的震级和位置依赖于对应主震[37-40]，故在建立主余震地震动衰减关系时有必要考虑余震地震动参数，这样才能使主余震序列地震动概率危险性分析具有一致性。

1.3　带伸臂桁架超高层关键节点试验及分析研究进展

伸臂桁架为超高层结构中提高抗侧刚度以及连接周边框架柱和核心筒的关键构件。在结构受到水平地震作用时，伸臂桁架可以将核心筒的整体弯矩转化为周边框架柱的轴力，使框架柱类似成为结构整体受弯过程中的桁架弦杆，继而使得外框架与核心筒共同作用以抵抗水平地震作用或风荷载的水平荷载，如图 1.4 所示。虽然设置伸臂桁架可有效提高结构的整体抗侧刚度，但由于伸臂桁架设置位置与数量有限，这就会导致在设置伸臂桁架的部位结构刚度及内力突变，继而使得与加强层相连的楼层成为薄弱层。由于其竖向不规则，这就会导致传统概念设计中的延性屈服机制如"强柱弱梁、强剪弱弯、强节点弱杆件"等设计指导思想在实际工程中难以实现，故有大量的学者首先对伸臂桁架进行了很多有意义的研究和探索。

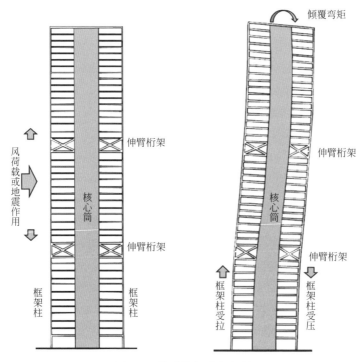

图 1.4　伸臂桁架受力机制

Smith 和 Coull[41]、Hoenderkamp[42]、Kamath 等[43]、Nanduri 等[44] 分别对超高层中伸臂桁架数量及其位置在结构的弹性阶段进行了研究。

　　伸臂桁架为带加强层结构中提供刚度的关键构件，近年来弹塑性技术的发展以及计算能力的不断提高，为伸臂桁架耗能能力的研究提供了基础。卢啸[45]、Lu 等[46]、Poon 等[47]、Fan 等[48]、Li 和 Wu[49]、Jiang 等[50] 等学者通过对伸臂桁架在超高层建筑弹塑性阶段耗能能力的研究发现，伸臂桁架超越其弹性阶段后可以大量耗散地震动输入能量，这对于结构整体耗能产生重要影响。Moehle[51] 分析得到伸臂桁架屈服后直至破坏，其在这一阶段可以大量耗散地震输入能量。这就相当于"结构保险丝（fuses）"的作用，可以有效达到保护结构主要承重构件如核心筒的作用，故学者们认为应对带伸臂桁架结构中的伸臂桁架在非线性阶段的性能引起重视。

　　随着伸臂桁架耗能能力占结构总耗能能力比例较高这一结论的发现，为了更加有效地改善伸臂桁架的耗能能力，近年来众多的学者开始从伸臂桁架对结构整体振动的控制作用入手，不断探索新的伸臂桁架形式。这其中包括了将伸臂桁架的腹杆替代成为屈曲约束支撑（BRB），以及设置阻尼器等方法。Smith 和 Willford[52] 从经济性以及结构整体振动控制出发，在比较质量调谐阻尼器的基础上，对高层建筑采用了在伸臂桁架以及加强层相邻楼层框架柱上设置阻尼器。Chang 等[53] 从结构整体主动控制出发，在伸臂桁架以及加强层相邻楼层框架柱上设置磁流变阻尼器，对高层建筑进行主动控制下的地震响应。Asai 等[54] 为了验证 Chang 提出的主动阻尼系统控制的可靠性，采用了混合验证的方法对其可靠性进行验证。任重翠等[55] 将伸臂桁架中腹杆替代为屈曲约束支撑，并通过弹塑性分析方法初步验证带 BRB 型伸臂桁架在罕遇地震作用下可以有效屈服及耗能，并可满足现行国家标准《建筑抗震设计规范》GB 50011（以下简称《抗震规范》）层间位移角限值的要求。邢丽丽和周颖[56] 通过对比分析普通伸臂桁架以及带 BRB 型伸臂桁架的整体抗震性能发现，带 BRB 型伸臂桁架耗能能力优于普通伸臂桁架。采用双跨对角设置 BRB 的伸臂桁架，其耗能能力最优。Zhou 等[57] 以上海中心为工程背景，研究了采用带 BRB 型伸臂桁架的震后可恢复性能，研究结果表明带 BRB 型伸臂桁架相较于普通伸臂桁架在罕遇地震作用下具有更好的结构整体耗能能力，可有效减小结构整体层间位移角，其降幅可以达到 6%～9%，并且 BRB 可以在震后进行更换，提高建筑的震后可恢复性。

　　对于伸臂桁架，其构件抗震性能以及耗能能力的研究相对比较完备，证明其在地震作用下具有较为稳定的耗能能力以及塑性变形能力，并且当采用耗能构件型伸臂桁架时具有震后可恢复性。作为伸臂桁架安全性最为重要的部分，与核心筒的连接节点继而成为研究的重点。Smith 和 Salim[58] 通过对钢管混凝土柱与伸臂桁架的连接节点进行研究，发现其节点性能的优劣会直接影响结构整体的抗震性能。对于特定超限高层建筑结构，伸臂桁架与核心筒之间的连接节点往往存在随着核心筒截面而变化、随着核心筒内型钢设置而变化以及构造差异等特点。为了保证实际工程的安全可靠，通常特定建筑需要对其进行大比例模型节点试验，但试验部位仅针对特定工程。我国规范对此类节点并没有具体设计方法的规定，因此国内部分学者对伸臂桁架与核心筒的连接节点展开试验研究和分析。

聂建国等[59] 分别选取了两种适用于超高层建筑的伸臂桁架与核心筒连接节点对其进行了试验研究以及数值模拟分析，用以验证其抗震性能以及受力机理。根据其试验结果发现，对于连接节点板的危险截面，正应力分布不满足平截面假定。与节点相连核心筒剪力墙由于伸臂桁架弦杆的作用，剪力墙内混凝土形成了斜压杆受力机制。

丁洁民等[60] 以上海中心为研究背景，重点讨论了伸臂桁架与巨型柱的连接节点以及桁架螺栓拼接节点。在试验研究的基础上对伸臂桁架与矩形柱的连接节点进行数值计算，推导了用于初步估算的简化设计公式，并通过桁架螺栓拼接节点的试验研究发现，连接节点中的螺栓受力分布规律为两端大、中间小的形态。但当节点受力逐渐增加时其受力不均匀分布程度会降低。由于螺栓连接方式与均质钢材受力分布不一致，故螺栓连接的拼接长度对整体构件的力学特性有影响。

马臣杰等[61] 以深圳京基金融中心工程为背景，从设计角度出发，分别对伸臂桁架与混凝土核心筒连接节点，伸臂桁架与钢管混凝土框架柱连接节点以及伸臂桁架中腹杆的连接节点的连接形式进行了介绍。

严鹏等[62] 以某超高层建筑为工程背景，对其中采用的伸臂桁架与钢管混凝土框架柱的连接节点进行试验研究，采用大比例模型往复加载模式。试验结果显示，常规的连接节点形式具有良好的耗能能力以及较高的承载力。其节点试件的破坏模式为弦杆截面受拉破坏以及出现损伤后的反向压屈破坏。

赵宪忠等[63] 选取了上海中心中采用的伸臂桁架与巨型柱连接节点以及伸臂桁架与核心筒连接节点，进行了缩尺单调静力加载试验。在此试验的基础上进行了有限元数值模拟对比以及节点简化模型计算分析。试验结果表明伸臂桁架自身相对可靠，具有较好的延性。伸臂桁架与核心筒连接节点在进入塑性后，其塑性变形不明显，节点由于采用超强设计，节点承载力高于伸臂桁架。其推导的简化模型在一定程度上能够反映伸臂桁架的非线性受力特征，在设计之初可以根据伸臂桁架的抗震性能要求估算出伸臂桁架构件的初始节点，并在一定程度上能够对伸臂桁架失效荷载作出预测。

聂建国等[64] 从武汉中心超高层中的伸臂桁架与核心筒连接节点的设计出发，对节点采用了钢板内嵌式和钢板外包式两种形式，分别对其进行了缩尺低周往复加载试验。两种节点形式均具有较好的节点承载力、刚度、延性以及较好的耗能能力，但钢板外包式节点从施工工艺和稳定承载力等方面优于钢板内嵌式连接节点。

赵均等[65] 对伸臂桁架与核心筒连接节点采用了单剪板连接节点形式，通过预埋方式的不同进行了6组试件的低周往复加载试验。其预埋件构造形式分为4种，分别为钢板型钢锚固、夹板钢筋锚固、钢板栓钉锚固以及栓钉锚固。其中栓钉锚固的破坏形态为往复荷载作用下混凝土局部压溃脱落并导致栓钉滑移，其连接形式的极限承载力低，节点进入塑性阶段后变形较大。前3种连接形式的破坏形态较为一致，均为与伸臂桁架连接弦杆的预埋件破坏，对此3种连接节点可采用节点超强的做法提高预埋件的极限承载力，用以提高节点的整体极限承载力。总体上可以看出此类做法整体延性性能较差。

1.4　结构整体损伤评估方法的研究进展

损伤在损伤力学中是描述材料劣化的重要参数，其力学概念与应力、应变具有同样的场的概念，主要是描述结构及构件的破坏程度。在地震工程学中通常需要计算结构的整体损伤指数用以评估结构的整体损伤程度。结构的整体损伤指数的合理性需要多参数共同描述，其中至少包括结构的变形能力、耗能能力以及涉及经济性的可修复能力等。整体损伤指数的含义为结构在荷载作用下的损伤累积数值与对应结构的极限值的比值，结构整体损伤指数随着损伤的持续累加而增大，通常损伤指数表示为：

$$D(x_1,x_2,x_3\cdots)=\frac{D_r(x_1,x_2,x_3\cdots)}{D_{ru}} \qquad (1.1)$$

式中　　$D(x_1,x_2,x_3\cdots)$——单调递增的连续函数；

　　　　$x_1,x_2,x_3\cdots$——结构不同损伤状态的参数；

　　$D_r(x_1,x_2,x_3\cdots)$——表征结构不同状态下的累积损伤的函数；

　　　　　　　　　D_{ru}——结构完全破坏时 $D_r(x_1,x_2,x_3\cdots)$ 的极限值，是结构或构件的最大损伤能力。

对于损伤的研究首先起源于材料及构件，而针对结构层次的损伤模型根据其研究进程可以分为两条途径，第一条途径是以构件的损伤指数乘以其构件的相应的加权系数最后求和而形成的结构损伤，即加权系数组合法；第二条途径是从结构宏观角度根据结构损伤前后的结构整体特征的变化建立的损伤模型，即整体损伤指数法。

（1）加权系数组合法

Park-Ang 损伤模型属于构件层次损伤模型，现有研究大多基于 Park-Ang 损伤模型建立构件权重系数组合以得到结构整体损伤指数。Kunnath 等[66] 认为构件的损伤与其在结构总耗能的占比一致，故将其塑性耗能与结构总耗能的比值作为其加权系数。Park 和 Ang[67] 以耗能比作为加权系数，将构件的损伤 D_{pi} 组合成为层损伤 D_{fi}，最后得出结构的整体损伤指数 D_w 如下式所示：

$$D_{fi} = \sum \lambda_{pi} D_{pi} \tag{1.2}$$

$$D_w = \sum \lambda_{fi} D_{fi} \tag{1.3}$$

$$\lambda_{pi} = \frac{E_{pi}}{\sum E_{pi}} \tag{1.4}$$

$$\lambda_{fi} = \frac{E_{fi}}{\sum E_{fi}} \tag{1.5}$$

式中　λ_{pi} 和 λ_{fi}——表示结构第 i 构件和第 i 层的能量权重系数；

　　　E_{pi} 和 E_{fi}——表示结构第 i 构件和第 i 层的耗能。

Chung 等[68] 采用楼层权重系数 λ 来反映结构层位置与结构整体损伤的关系，其损伤从下往上依次递减：

$$D_w = \sum \lambda_{fi} D_{fi} \tag{1.6}$$

$$\lambda_{fi} = \frac{n-i+1}{\sum (n-i+1)} \tag{1.7}$$

式中　λ_{fi}——结构第 i 层的权重系数；

　　　D_{fi}——结构第 i 层的损伤系数；

　　　n——结构楼层数。

吴波和欧进萍[21] 计算整体损伤指数时引入层序的重要性及结构薄弱层的影响，将层损伤权重系数 λ_{fi} 进行了修正，式中参数含义同上，结构整体损伤指数同式（1.6）。

$$\lambda_{fi} = \frac{(n-i+1)D_i}{\sum_{i=1}^{n} (n-i+1)D_i} \tag{1.8}$$

吕海霞[70] 认为构件损伤都是随时间累积的，即下一时刻的损伤大于等于前一时刻的值。改进权重系数，将构件类型分类，对水平构件选取结构最大层间位移角所对应时刻的构件最大损伤与层损伤之和的比值作为权重系数。竖向构件依赖于楼层影响：

$$\lambda_{fi} = \frac{(n-i+1)D_{i(t)}}{\sum_{i=1}^{n}(n-i+1)D_{i(t)}} \tag{1.9}$$

式中　$D_{i(t)}$——某类型竖向构件在到达层间位移角最大时的损伤值；

　　　n——结构楼层数，结构整体损伤指数同式（1.6）。

（2）整体损伤指数法

为了更加准确简便地得到整体损伤指数，众多学者直接采用结构性能指标，如结构的层间位移角、振型频率、滞回耗能等参数建立整体损伤指数模型。如 Salawu[71] 通过对模型结构振动台试验结果研究，考虑频率与振型是结构本身固有属性，将结构在地震损伤前后的模型参数作为结构整体损伤识别参数，其整体损伤指数为：

$$D_w = 1 - \frac{\omega_i^2}{\omega_0^2} \tag{1.10}$$

式中　ω_0——结构损伤前的自振频率；

　　　ω_i——结构损伤后的自振频率。

Shi 等[72] 考虑采用振型作为结构整体损伤指数时不敏感，故对振型进行差分运算求得振型的斜率与曲率，由此可对振型中的微小变化放大以此增强振型作为结构整体损伤指数的精确性。朱红武等[73] 以结构在弹塑性前后模态变化参数作为损伤指数基础，对结构进行多模态弹塑性分析，并根据 MPA 计算结果的模态参数变化建立结构整体损伤指数。周云鹏[74] 基于有限元分析方法发现基于频率、振型和二者比值的方法对结构损伤反应不敏感，而基于层间位移角的方法相比于频率、振型而言对结构损伤更为敏感，因此提出结合振型与层间位移角的一阶振型差比作为损伤识别指标：

$$d_{Ai0} = \frac{(A_{(i+1)0} - A_{i0})}{h_i} \tag{1.11}$$

$$d_{Ai} = \frac{(A_{i+1} - A_i)}{h_i} \tag{1.12}$$

$$D_{fi} = \frac{d_{Ai}}{d_{Ai0}} = \frac{A_{i+1} - A_i}{A_{(i+1)0} - A_{i0}} \tag{1.13}$$

式中　d_{Ai0}——损伤前后振型值之差与层高的比例关系；

　　　A_i——损伤后的第 i 层的振型值；

　　　h_i——层高；

A_{i0}——损伤前结构的一阶振型位置曲线中第 i 层的振幅，即第 i 层的振型位置对振型振幅最大位置归一化得到的振型值；

D_{fi}——结构第 i 层的损伤系数。

Stephens 和 Yao[75] 将结构进行分析而获取力与位移的关系，同时考虑结构最大变形以及滞回耗能，并将其作为结构整体损伤指数的参数，以此建立结构整体损伤指数。Ghobarah，Abouelfath 等[76] 利用 Pushover 分析，求得地震作用后结构的刚度曲线，通过比较地震前后结构的刚度变化建立结构整体损伤指数。吴波等[77] 基于串联和并联两种方式，考虑结构刚度的变化建立了剪切型结构的损伤模型：

$$D = 1 - \frac{1}{k_0 \sum \dfrac{1}{k_{0i}(1-D_i)}} \tag{1.14}$$

式中 D_i——构件 i 的损伤值；

k_0——结构的无损刚度；

k_{0i}——构件 i 的无损刚度。

Darwin 和 Nmai[78] 基于结构及构件的塑性变形能，以结构或构件的累积耗能作为分子项，以结构或构件总塑性应变能作为分母项，通过比值关系建立结构整体损伤指数。宋猛[79] 通过模态 Pushover 得到结构倾覆曲线，并将该曲线的面积进行耗能类别分离得到结构能量耗散损伤模型。杨伟和欧进萍[80] 推导出一次层间滞回耗能与结构最大位移之间的关系，得到了能考虑结构最大位移和滞回耗能的共同作用的简易 Park-Ang 整体损伤模型计算方法，其中层间弹塑性耗能公式为：

$$E_h = \frac{1}{2} F_y X_y + (1+4\rho) F_y (X_m - X_y) \tag{1.15}$$

式中 E_h——楼层弹塑性变形耗能；

F_y、X_y——楼层屈服剪力及楼层屈服位移；

ρ——系数，即滞回模型修正系数。

公式基本假定为结构在单周滞回情况下的变形耗能，以及在单周加载情况下结构达到了最大弹塑性位移。

易伟建和尹犟[81] 基于静力弹塑性分析等效原则对结构进行等效单自由度结构体系动力时程分析，计算多自由度结构体系结构顶点位移和总滞回耗能，基于 Park-Ang 理论修正得到整体损伤指数。Ghosh 等[82] 对结构进行多模态等效单自由度（ESDOF）Pushover 分析，通过计算出现塑性铰位置处的滞回耗能和结构顶点位移、层间位移角，基于 Park-Ang 理论修正得到整体损伤指数。

徐强等[83] 对结构进行增量动力分析（IDA），考虑层间位移角和结构耗能与地震峰值加速度的关系，建立双参数损伤模型以评估结构的损伤程度：

$$I_{\mathrm{D}} = \alpha I_{\mathrm{e}} + \beta I_{\delta} \tag{1.16}$$

式中　I_{D}——结构整体损伤指数；

　　　I_{e}——基于能量耗散的结构整体损伤指数；

　　　I_{δ}——基于层间位移角的结构整体损伤指数；

　　　α 和 β——权重组合系数。

1.5　主余震序列作用下结构非弹性反应特征研究进展

结构在强主震作用下很大概率会产生一定量的结构损伤，在继续遭受强余震作用下结构损伤可能持续加剧甚至会导致结构倒塌。这在多次强震过后的震害调查中得到了印证[84-89]。为了能够在下一代结构抗震性能中考虑强余震的影响，势必就要首先进行强余震对结构反应的研究。多自由度结构体系（MDOF 体系）具有计算精度高，在地震动的任意时刻能够表征多阶模态的地震反应等优势，但 MDOF 体系也存在模型复杂和计算量巨大等问题。随着计算科学的发展，国外从 20 世纪 80 年代，我国从 20 世纪 90 年代，学者们才开始采用 MDOF 体系进行主余震序列对结构破坏影响的研究。其研究也经历了主余震序列作用下多层、高层、超高层结构非弹性反应特征三个阶段。

（1）多层结构的主余震非弹性反应特征研究

Mahin[90] 通过对 Managua 地震（1972 年）中获取的真实主余震序列进行结构非弹性反应分析发现，相较于单主震作用，主余震序列地震作用会提高对结构延性的需求。Elnashai 等[91] 将同一地震事件中的多次地震动引入结构工程的研究中，得出了与 Mahin 相同的研究结论。Amadio 等[92] 采用主余震序列地震动对结构进行弹塑性分析，其中在结构损伤中引入损伤指数、性能因子等指标用以表征结构损伤，证明了主余震序列型地震动对结构的损伤会高于单主震地震动。Kihak 和 Douglas 等[93] 采用主余震序列进行钢结构抗震性能研究，发现余震对大多数结构的附加损伤是有限的，甚至不会产生附加损伤。但对于结构高度较低以及结构建成时间较长的建筑物，余震对其的附加损伤会明显增加。Li 和 Bruce[94] 通过对钢框架结构进行主余震序列非弹性反应分析，发现余震的强度决定了结构的累积附加损伤，并且主余震序列中结构的损伤类型同样依赖于余震

17

的强度。Oyarzo-Vera 和 Chouw[95] 将主余震序列与余震单独作用于结构进行比较分析，研究结果表明余震单独作用于完整结构时，基本不会对结构造成损伤，这主要还是余震的强度有限。但余震对震损结构的附加损伤较为明显。Hatzigeorgiou[96-98] 构造主余震序列采用的是基于古登堡-克里特定律的主余震震级差预测方法，通过对结构进行序列型弹塑性时程分析，发现相较于单主震作用，主余震序列地震作用会提高结构的位移（变形）需求。Twigden 等[99] 对钢筋混凝土柱进行振动台试验，加载在实际地震中采集到的两组主余震序列地震动。其试验结果表明余震对震损构件的自振周期产生了较大变化，但对滞回耗能增加却影响很小。George 和 Asterios[100] 对 8 组平面钢筋混凝土框架进行弹性分析，分别选取了 5 条天然主余震序列以及 40 条构造型主余震序列地震动进行加载。结构整体损伤指数通过结构的最大层间位移角、塑性铰的发展阶段、残余变形三个指标进行表征。结果表明，主余震序列对结构的反应明显大于单主震，建议要考虑余震对结构在地震事件中的影响。Jorge 和 Juan[101] 对 3 个钢结构框架进行地震动弹塑性时程分析，采用从实际地震记录中获取的 64 组主余震序列进行加载，采用结构侧向位移作为结构性能指标。研究结果表明，相较于单主震作用，主余震序列地震作用使得结构的侧向变形明显增加。

欧进萍等[102,103] 构造了主余震序列随机地震动模型，并基于钢筋混凝土结构提出了主余震与单主震作用下的恢复力模型以及期望破损度，通过弹塑性分析比较了某两层钢筋混凝土框架在主余震序列及主震作用下的结构反应特征。其研究结果表明相对于单主震，主余震序列会明显增加结构的损伤程度，其损伤程度依赖于余震的强度，余震的强度依赖于其设防区域的超越概率。

马骏驰等[104-106] 采用 Pushover 分析模拟单主震，以静力往复加载方式模拟多次地震，对某 6 层钢筋混凝土框架进行单次地震损伤与多次地震累积损伤的对比研究。根据其研究成果得出如下结论：多次地震作用对结构造成的损伤高于单主震型地震对结构造成的损伤。将两次地震划分为前震＋主震型以及主震＋余震型，此两种二次地震对结构造成的损伤状态差异较大，主震＋余震型地震动对结构造成的损伤高于前震＋主震型地震动。这说明二次地震类型对结构的损伤状态依赖于第一次地震对结构的损伤状态。

赵金宝[107] 对钢筋混凝土框架进行弹塑性分析用以研究主余震序列对钢筋混凝土框架的结构响应以及破坏。其采用 IDARC 非线性有限元软件进行弹塑性分析，结构损伤指数采用软件内嵌的 Park-Ang 损伤指数。通过对 6 个不同宽度及高度的分析模型进行对比研究，发现余震会增加单主震作用下结构的整体损伤程度。余震对结构的附加损伤依赖于主震对结构的损伤指数，主震后震损结构损伤指数越高余震引起的附加损伤指数增量越大。余震对结构的附加损伤依赖于结构竖向刚度的分布，基本分布规律为沿结构竖向薄弱楼层分别向上下楼层递减。

温卫平[108] 基于主余震序列型地震动利用 OPENSEES 有限元程序对结构进行地震非弹性反应研究，并且以结构延性系数、标准化滞回耗能、损伤指数以及残余位移比等结构反应参数，通过对比分析表征余震对结构附加损伤的影响。根据其研究成果，在表征结构的附加损伤时，结构滞回耗能以及考虑滞回耗能的损伤指数相较于延性系数，更能有效表征余震对结构的附加损伤。当结构在分别经历主震及主余震序列后，其结构的最大位移以及残余变形的变化没有呈现出明显的规律性，但对于滞回耗能，主余震序列相较于主震明显持续增加。强余震对震损结构的损伤增量变化规律为，余震对震损结构周期较短的结构的损伤增量高于震损结构周期较长的结构，当余震强度逐渐增大时，这种损伤差异就越小。

武坤芳[109] 对某 6 层钢筋混凝土框架基于主余震序列进行弹塑性分析，用以比较单主震与主余震下结构反应变化趋势，采用 OPENSEES 有限元程序进行分析，结构整体损伤指数采用改进的 Park-Ang 损伤指数，分别建立单主震以及主余震作用下的易损性曲线进行趋势对比分析，研究结果发现此分析模型中，主余震序列超越结构某一损伤状态的概率高于单主震，其最大增幅接近 35%，建议结构设计中有必要考虑余震影响。

李瑜瑜[110] 对某 5 层钢筋混凝土框架结构基于主余震序列进行弹塑性分析，采用 OPENSEES 有限元程序进行分析，用以比较单主震与主余震下结构反应变化影响。结构整体损伤指数分别采用结构的层间位移角、结构顶点位移、残余变形以及改进的 Park-Ang 损伤指数等表征结构的损伤状况，其研究结果表明考虑结构累积滞回耗能的 Park-Ang 损伤指数能够更好地反映余震对结构的附加损伤，并通过地震动强度参数与结构整体损伤指数之间的相关性系数，研究了主余震序列型地震动对结构的潜在破坏势。

（2）高层结构的主余震非弹性反应特征研究

陈清军和李文婷[111] 对某钢框架＋外斜撑结构（结构高度 98.0m）进行弹塑性分析，模型采用 Abaqus 软件进行建模分析，主余震序列采用实际地震中获取的天然主余震记录，在模拟主余震序列时对主震、余震之间采用零时间间隔的首尾相连模式。结构的非弹性反应分析的对比研究表明主余震序列地震动相较于单主震会明显增加结构的塑性耗能指标。楼层的损伤指数以及结构的残余位移都会随余震的发生产生不同程度的增加。

张挺[112] 对某 20 层框架-核心筒结构（结构高度 72.6m）进行主余震序列下的结构易损性变化规律研究，其结构初始配筋采用 YJK 软件进行设计。弹塑性时程分析阶段将结构凝聚为 SDOF 体系进行研究，以结构残余位移比和结构损伤指数作为结构整体损伤评价依据，选取 60 条主余震地震动与其对应的单主震进行对比研究。基于结构在两种不同加载机制下的屈服后刚度之间变化、恢复力模型、强度折减系数的影响，对比单主震与主余震损伤指数以及损伤增量的变化规律。在计算三水准设防烈度地震作用下的易损性曲线时，引入了"震害指数"这一常用于群体结构震害评估中的概念，以评估结构的损伤状况及程度。研究结果表明主余震序列对短周期结构的附加损伤影响高于长周期结构。当刚度折减系数越小、对应强度折减系数越大时，主余震序列对结构造成的附加损伤越大，并且主余震序列对弹塑性加速度反应谱的影响相较于单主震较小，对弹性加速度反应谱基本没有影响，但对弹塑性速度反应谱影响较大。

杨先霖[113] 为了研究框架-剪力墙结构在主余震地震动序列作用下的抗震性能，按照我国抗震设计规范，设计不同设防水准下的 5 个 12 层钢筋混凝土框架-剪力墙结构作为研究的原型结构，采用 OPENSEES 有限元程序对原型结构进行宏观有限元建模，考虑到概率地震需求分析对结构的计算效率要求较高，采用精细化有限元模型将耗费极大的计算资源，在建模的过程中将原型结构进行了平面等效，以确保有限元模型能够准确地模拟原型结构在地震作用下的受力变形性能。研究发现：主余震对结构的影响主要体现在余震发生时的结构损伤状态，并且这种影响随地震强度的增大呈现先增大后减小的趋势，随着主震水平的提高，结构的抗余震能力不断减小，与单一主震作用时相比，主余震作用下结构易损性曲线的对数标准差明显增大，结构反应的离散性更大。

（3）超高层结构的主余震非弹性反应特征研究

李钱等[114] 对某超高层框架-核心筒结构（结构高度 309m）进行了主余震序列以及单主震作用下结构非弹性反应的对比研究，其结构特点为自振周期较长，第一周期为 8.57s。选取 7 条实测长周期主余震地震动序列与其对应的单主震，利用 PERFORM-3D 有限元软件进行结构弹塑性动力时程分析。抗震性能对比参数选取构件损伤指数、结构整体耗能以及楼层滞回耗能分布，用以讨论主余震序列对结构抗震性能的影响。根据其研究成果，余震地震动使结构滞回耗能逐渐累积增加，对结构重要构件的损伤具有劣化作用，使得单主震震损后构件损伤状态逐步累积，重要构件损伤状态发生变化。由此可以进行推论，根据目前超高层设计采用的《超限高层建筑工程抗震设防专项审查技术要点》以及《抗震规范》设定的单主震作用下的抗震性能，不能很好地评估结构在地震作用下的抗震性能。对超高层建筑应考虑强余震的影响，才能更全面、更加安全可靠地评估超高层建筑的抗震性能。

王新悦[115] 以某实际高层项目为研究对象，进行主余震序列型地震动对结构响应的研究。其中结构形式采用带伸臂桁架＋钢管混凝土框架柱＋钢筋混凝土核心筒，结构高度为 154.8m，设置两道伸臂桁架加强层。主余震序列的挑选基于主震反应谱与目标反应谱一致性的原则，地震动类型按照主震选取远场非脉冲型地震动，其余震根据实际记录包含脉冲型和非脉冲型两类的原则，共挑选18组主余震序列以及对应的单主震进行结构激励。其研究结果表明，主余震序列不但能对此类实际结构产生更大的结构整体损伤，更能增大结构倒塌的概率。采用增量动力分析，通过概率计算给出结构易损性曲线，用以评价结构在单主震作用下震损结构随强余震影响而导致其损伤状态发生变化的概率。对于楼层损伤，其研究结果认为楼层损伤程度沿结构竖向分布不均匀，重要构件附加损伤存在离散性。由此认为基于单主震进行结构设计，而忽略强余震的影响，在很大程度上不能保证"大震不倒"的性能目标。建议在新一代抗震设计规范中，特别是对于超高层建筑，增加考虑强余震的抗震性能设计。

1.6　小结

综上所述，学者们基于不同的研究目的，均已做出很多具有重要价值的研究成果，但这些成果仍然存在如下不足：

（1）目前在众多的主余震序列构造方法中，基于强余震与目标地震动一致性的选择方法占有很高的比例。其核心思想是在考虑余震地震动参数时采用了与单主震地震动相同的选择方法，但根据已有大量实际采集的主余震序列不难看出，主震与余震之间频率组分相差较大。地震事件存在一定程度的离散性和随机性，并非是一个平稳的发生过程。因此对同一结构采用主震、余震均完全激励的人工主余震序列组合方法，与实际地震动对结构的激励不符。换言之，即使选择的地震动的多个参数与目标余震的参数完全一致，也无法判断出构造的主余震序列与实际的主余震地震动对结构产生的破坏作用是否一致。因此，在建立余震的衰减关系时最好与主震地震动联系起来，这样在进行主余震概率地震危险分析时才更具有一致性，而现有的地震动衰减关系分析无法满足这一要求。由此可见，一种既能够较好地满足地震学统计规律，又能够表征实际主余震序列对结构产生破坏特征的主余震序列构造方法是非常有意义的。

（2）伸臂桁架的研究相对比较完备，包括普通伸臂桁架破坏形式及机理。对于增加伸臂桁架的耗能能力，以及新型构造的耗能型伸臂桁架，学者们都进行了较多的探索及尝试，并且取得了很好的效果。但相对于伸臂桁架的研究，对伸臂桁架与核心筒连接节点的研究略显匮乏，并且对于关键连接节点的研究更多地集中在对新型连接节点的研究上。伸臂桁架的连接节点作为伸臂桁架安全性的最重要部分，相关研究却非常有限，连接节点在实际工程中由于建筑限制，存在截面改变自由程度高、构造复杂等特点。对其破坏形式的机理研究以及材料在低周往复作用下本构特性的研究具有很高的价值。因此需要通过模型试验对其进行深入研究，进而为保证工程设计的可靠性与安全性提供依据。

（3）结构整体损伤模型采用加权组合法时，虽然物理意义十分明确，但无论哪一种加权方法，都必然涉及大量的计算，不适合用于构件数量巨大的结构，且构件权重系数依赖于结构的几何位置、构件类型、构件之间的稳定相关性，这都直接影响结构整体损伤指数的准确性。

建立结构整体损伤指数模型，仅依赖于单参数时（变形、能量、结构频率等），由于结构损伤的多参数相关耦合性，单参数很难完全反映结构的损伤状态及量化表征。而采用变形参数虽然可以在一定程度上反映结构的最大位移损伤响应，但无法体现往复作用、加载路径的影响或地震持时等造成的累积损伤。单独由能量准则判断结构的损伤程度从理论上是可行的，但根据已有学者的研究成果，完整量化表征不同结构的最大耗能能力以及能量耗散路径等目前尚未解决。这就意味着不易细化分析结构层或者构件的损伤程度，且从现象上看不如变形来得直观；结构或构件在外部作用下产生相等的应变能时，变形幅值更大的结构或构件损伤程度更高，因此单纯考虑能量法则不能合理分析结构损伤程度，且单纯的能量损伤不易判别结构的失效模式。基于频率、刚度等建立的损伤模型，相比于耗能或变形两个参数，这些性能指标对结构的损伤变化不够敏感，且能否真实准确反映结构在地震动作用下的损伤程度也有待证实。

对于多参数耦合，目前绝大多数研究都是基于变形和能量耦合的 Park-Ang 模型。相对前述的结构整体损伤指数模型，其具有很大的优势，物理意义及损伤表征也很清晰。但现有的改进公式更多地追求构件或层模型的能量耗散，而对结构整体耗能又回到了加权求和法，此种做法对于体型复杂的结构是不适用的。同时现有损伤模型大多基于静力弹塑性分析来获得结构性能指标，该方法本身存在缺陷，不能体现结构动力特性。而对结构进行等效单自由度动力分析时，等效方法假定结构基本振型保持不变这一理论与实际情况不符，该方法本身不是精确解。现有依据动力弹塑性分析的双参数损伤模型研究成果较少，且大多基于各种假设或特定的情况，尚未有较为合理准确的损伤指数模型。

（4）对于主余震序列作用下结构非弹性反应特征，已有的研究成果多集中于传统多层框架结构。超高层结构虽然近年来成为结构抗震性能研究的一大热点，但由于结构自身单元数量巨大、计算成本高等特点，相对于 SDOF 体系及多层 MDOF 体系，对其的研究还很不深入，研究成果也较少。因此亟需对带伸臂桁架超高层结构在主余震序列作用下的抗震性能进行研究。

第2章

基于地震动衰减的主余震
序列构造方法

2.1 引言

根据已有大量震害调查结果表明，当地震主震发生后会伴随强余震的发生。由于强主震发生后结构已遭受不同程度的损伤，当大量的余震中出现强余震时，将会使结构的损伤加剧，甚至倒塌。根据《抗震规范》，要做到"大震不倒"，有必要在地震危险性分析以及结构抗震设计中考虑强余震的不利影响。但通过对已有国内外研究成果分析发现，目前全球范围内高质量的余震记录相对较少，所以主余震序列就得到了更为广泛的研究与关注。目前主余震序列构造方法相对较多[20-25]，但最具代表性以及认可度相对较高的方法有两种：1）HB2009 主余震序列，是由 Hatzigeorgiou 和 Beskos[96] 于 2009 年提出的构造方法，该方法的核心是单参数 PGA 条幅方法。即对任意选取的一条主震地震动记录，将通过 3 次调幅（0.8526；1.0；0.8526）后得到的地震动记录组装成为一条主余震地震动序列。HB2009 一是没有考虑主余震频谱特征之间的差异影响，二是调幅系数没有考虑场地、主震震级、震源距等因素的影响，所以通过其构造出的主余震序列应用到结构非弹性响应分析，会比实际地震反应记录大很多。2）GT2012 主余震序列，是由 Goda 和 Taylor[116] 于 2012 年提出的构造方法，其核心是 PGA 和震级的双参数构造方法。震级通过 Omori 定律[11] 和 Gutenberg-Richter（古登堡-克里特）定律[12] 确定任意给出的主震其潜在发生余震的震级和 PGA，继而从地震动数据库中选择与余震震级和 PGA 相匹配的地震动作为余震地震动，相应即可构造出主余震地震动序列。GT2012 仅考虑震级和 PGA，使其余震选择受人为主观因素影响较大。

对以上具有代表性的两种主余震序列构造分析时不难发现，主余震地震动参数相关性即地震动预测公式在地震危险性分析中起着十分重要的作用。结合主震地震动，给出余震地震动的预测公式，不仅可以方便地分析主余震危险性，也可以揭示主余震地震参数之间的关系。

本章首先将从全球范围内选取大量的主余震地震动实际记录，研究主余震地震动参数比值随震级、断层距、场地的变化特性，拟合出相应的主余震地震动预测公式。通过与实际地震动数据的对比验证拟合公式的合理性，通过残差分析验证主余震地震动参数的比值符合对数正态分布，并与其他的预测公式进行比较分析。继而根据主余震地震动参数的比值关系结合已有的国内外研究成果，最终提出一种与主震频谱相关的主余震序列的构造方法。

2.2 主余震地震动衰减模型

本书在研究主余震地震动衰减模型时，首先从美国太平洋地震研究中心（PEER）的下一代衰减（Next Generation Attenuation）数据库中获得了 11 次壳内地震的主余震序列，共有 1032 条主余震地震动。本章选取的主余震序列及对应采集台站信息如表 2.1 所示。

选取的主余震序列及对应采集台站信息 表 2.1

地震序列名称	主震		余震		台站数
	时间	矩震级	时间	矩震级	
Chi-Chi,Taiwan, China	1999-09-20	7.62	1999-09-20,17:57	5.90	37
			1999-09-20,18:03	6.20	35
			1999-09-20,21:46	6.20	34
			1999-09-22,00:14	6.20	61
			1999-09-25,23:52	6.30	73
Imperial Valley	1979-10-15	6.53	1979-10-15	5.01	15
Northbridge	1994-01-17	6.69	1994-01-17	5.20	7
			1994-01-17	5.93	8
			1994-01-17	6.05	19
			1994-01-18	5.13	8
			1994-03-20	5.28	47

在地震动选取过程中遵循以下原则：①同一序列的主余震均来自于同一台站；②所选地震动序列各项参数均有效；③余震峰值加速度小于主震峰值加速度；④所有地震动记录均为壳内地震；⑤水平地面加速度（PGA）的平均值大于 0.03g；⑥所选用的台站要有相应场地的剪切波速资料；⑦地震序列根据其台

站资料均记录于自由场地，即为尽量不受周围环境建筑和邻近结构振动影响的相对空旷场地，以使地震观测值相对精确。图 2.1（a）给出了选用的地震动记录随震级和场地剪切波速的分布；图 2.1（b）给出了选用的地震动记录随震级和主震震源距的分布。

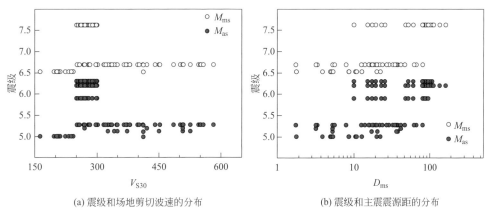

(a) 震级和场地剪切波速的分布　　　　　　(b) 震级和主震震源距的分布

图 2.1   主余震记录随震级、场地、震源距分布图

2.2.1   衰减模型

已有的地震动衰减关系中，公认的主余震主要参数间拟合精度较高的主余震地震动衰减关系有两个，分别为 Abrahamson 和 Silva[117] 于 2008 年提出的地震动衰减关系（AS2008），以及 Chiou 和 Youngs[31] 于 2008 年提出的地震动衰减关系（CY2008）。这两个衰减关系公式因其均选取了余震地震动以及多参数相关性耦合而得到了广泛的认可。

AS2008 主余震地震动衰减关系为：

$$nSa(g) = f_1(M, R_{rup}) + a_{12}F_{RV} + a_{13}F_{NM} + a_{15}F_{AS} + f_5(P\hat{G}A_{1100}, V_{S30}^*)$$
$$+ F_{HW}f_4(R_{jb}, R_{rup}, R_x, W, \delta, Z_{TOR}, M) + f_6(Z_{TOR}) + f_8(R_{rup}, M)$$
$$+ f_{10}(Z_{1.0}, V_{S30}) \tag{2.1}$$

式中　　M ——动量量值；

$\quad\quad R_{rup}$ ——断层距；

$\quad\quad R_{jb}$ ——Joyner-Boore 距离；

$\quad\quad R_x$ ——至破裂顶部边缘的水平距离；

$\quad\quad Z_{TOR}$ ——破裂深度至顶部的距离；

$\quad\quad F_{RV}$ ——反向断层地震标志；

  F_{NM} ——正常断层地震标志；

  F_{AS} ——余震标志；

  F_{HW} ——上盘位置标志；

  δ ——断层倾角；

  V_{S30}^{*} ——顶部 30m 以上的横波速度；

  $Z_{1.0}$ —— $V_S = 1.0\,km/s$ 的现场深度；

  $P\hat{G}A_{1100}$ —— $V_{S30} = 1100\,m/s$ 的峰值加速度中位数；

  W ——向下倾斜破裂宽度；

  f_1、f_4、f_5、f_6、f_8 和 f_{10} ——参数相关函数，见式（2.2）~式（2.20）。

$$f_1(M, R_{rup}) =$$

$$\begin{cases} a_1 + a_4(M - c_1) + a_8(8.5 - M)^2 + [a_2 + a_3(M - c_1)]\ln(R) & (M < c_1) \\ a_1 + a_5(M - c_1) + a_8(8.5 - M)^2 + [a_2 + a_3(M - c_1)]\ln(R) & (M \geqslant c_1) \end{cases}$$

$$(2.2)$$

$$R = \sqrt{R_{rup}^2 + c_4^2} \tag{2.3}$$

$$f_4(R_{jb}, R_{rup}, R_x, W, \delta, Z_{TOR}, M)$$
$$= a_{14} T_1(R_{jb}) T_2(R_x, W, \delta) T_3(R_x, Z_{TOR}) T_4(M) T_5(\delta) \tag{2.4}$$

$$T_1(R_{jb}) = \begin{cases} 1 - \dfrac{R_{jb}}{30} & (R_{jb} < 30\,km) \\ 0 & (R_{jb} \geqslant 30\,km) \end{cases} \tag{2.5}$$

$$T_2(R_x, W, \delta) = \begin{cases} 0.5 + \dfrac{R_x}{2W\cos(\delta)} & (R_x \leqslant W\cos(\delta)) \\ 1 & (R_x > W\cos(\delta),\ 或\ \delta = 90) \end{cases} \tag{2.6}$$

$$T_3(R_x, Z_{TOR}) = \begin{cases} 1 & (R_x \geqslant Z_{TOR}) \\ \dfrac{R_x}{Z_{TOR}} & (R_x < Z_{TOR}) \end{cases} \tag{2.7}$$

$$T_4(M) \begin{cases} 0 & (M \leqslant 6) \\ M - 6 & (6 < M < 7) \\ 1 & (M \geqslant 7) \end{cases} \tag{2.8}$$

$$T_5(\delta) = \begin{cases} 1 - \dfrac{\delta - 70}{20} & (\delta \geqslant 70) \\ 1 & (\delta < 70) \end{cases} \tag{2.9}$$

$$f_5(P\hat{G}A_{1100}, V_{S30}^*) =$$

$$\begin{cases} a_{10}\ln\left(\dfrac{V_{S30}^*}{V_{\text{LIN}}}\right) - b\ln(P\hat{G}A_{1100} + c) + b\ln\left[P\hat{G}A_{1100} + c\left(\dfrac{V_{S30}^*}{V_{\text{LIN}}}\right)^n\right] & (V_{S30} < V_{\text{LIN}}) \\[3mm] (a_{10} + bn)\ln\left(\dfrac{V_{S30}^*}{V_{\text{LIN}}}\right) & (V_{S30} \geqslant V_{\text{LIN}}) \end{cases}$$

$$(2.10)$$

$$V_{S30}^* = \begin{cases} V_{S30} & (V_{S30} < V_1) \\ V_1 & (V_{S30} \geqslant V_1) \end{cases} \tag{2.11}$$

$$V_1 = \begin{cases} 1500\text{m/s} & (T \leqslant 0.50\text{s}) \\ e^{\left[8.0 - 0.795\ln\left(\frac{T}{0.21}\right)\right]} & (0.5\text{s} < T \leqslant 1.0\text{s}) \\ e^{\left[6.76 - 0.297\ln(T)\right]} & (1.0\text{s} < T < 2.0\text{s}) \\ 700\text{m/s} & (T \geqslant 2.0\text{s}) \\ 862\text{m/s} & (PGV) \end{cases} \tag{2.12}$$

$$f_6(Z_{\text{TOR}}) = \begin{cases} \dfrac{a_{16} Z_{\text{TOR}}}{10} & (Z_{\text{TOR}} < 10\text{km}) \\[3mm] a_{16} & (Z_{\text{TOR}} \geqslant 10\text{km}) \end{cases} \tag{2.13}$$

$$f_8(R_{\text{rup}}, M) = \begin{cases} 0 & (R_{\text{rup}} < 100\text{km}) \\ a_{18}(R_{\text{rup}} - 100) T_6(M) & (R_{\text{rup}} \geqslant 100\text{km}) \end{cases} \tag{2.14}$$

$$T_6(M) = \begin{cases} 1 & (M < 5.5) \\ 0.5(6.5 - M) + 0.5 & (5.5 \leqslant M \leqslant 6.5) \\ 0.5 & (M > 6.5) \end{cases} \tag{2.15}$$

$$f_{10}(Z_{1.0}, V_{S30}) = a_{21}\ln\left[\dfrac{Z_{1.0} + c_2}{\hat{Z}_{1.0}(V_{S30}) + c_2}\right] + \begin{cases} a_{22}\ln\left(\dfrac{Z_{1.0}}{200}\right) & (Z_{1.0} \geqslant 200) \\[3mm] 0 & (Z_{1.0} < 200) \end{cases} \tag{2.16}$$

$$\ln[\hat{Z}_{1.0}(V_{S30})] = \begin{cases} 6.745 & (V_{S30} < 180\text{m/s}) \\[2mm] 6.745 - 1.35\ln\left(\dfrac{V_{S30}}{180}\right) & (180\text{m/s} \leqslant V_{S30} \leqslant 500\text{m/s}) \\[2mm] 5.394 - 4.48\ln\left(\dfrac{V_{S30}}{500}\right) & (V_{S30} > 500\text{m/s}) \end{cases}$$

$$(2.17)$$

$$a_{21} = \begin{cases} 0 & (V_{S30} \geqslant 1000\text{m/s}) \\ \dfrac{-(a_{10}+bn)\ln\left(\dfrac{V_{S30}^*}{\min(V_1,1000)}\right)}{\ln\left(\dfrac{Z_{1.0}+c_2}{\hat{Z}_{1.0}+c_2}\right)} & \left((a_{10}+bn)\ln\dfrac{V_{S30}^*}{\min(V_1,1000)}+e_2\ln\left(\dfrac{Z_{1.0}+c_2}{\hat{Z}_{1.0}+c_2}\right)<0\right) \\ e_2 & (\text{其他}) \end{cases}$$

$$(2.18)$$

$$e_2 = \begin{cases} 0 & (T < 0.35\text{s 或} V_{S30} \geqslant 1000) \\ -0.25\ln\left(\dfrac{V_{S30}}{1000}\right)\ln\left(\dfrac{T}{0.35}\right) & (0.35\text{s} \leqslant T \leqslant 2.0\text{s}) \\ -0.25\ln\left(\dfrac{V_{S30}}{1000}\right)\ln\left(\dfrac{2}{0.35}\right) & (T > 2.0\text{s}) \end{cases}$$

$$(2.19)$$

$$a_{22} = \begin{cases} 0 & (T < 2.0\text{s}) \\ 0.0625(T-2) & (T \geqslant 2.0\text{s}) \end{cases}$$

$$(2.20)$$

以上各式中　a_1——拟合值定值，由回归得出；

a_2——距离斜率，由回归得出；

a_3——幅度相关距离斜率，由 PGA 回归得出；

a_4——$M < c_1$ 时线性震级标度，由 PGA 回归得出；

a_5——$M \geqslant c_1$ 时线性震级标度，由 PGA 被限制为完全饱和；

a_8——二次量级标度，由回归得出；

a_{10}——线性站点响应缩放，由回归得出；

a_{12}——断层类型因子，由回归得出；

a_{13}——正断层类型因子，由回归得出；

a_{14}——悬臂系数，由回归得出；

a_{15}——余震因子，由回归得出；

a_{16}——从深度到顶部的缩放比例，由回归得出；

a_{18}——小矩震级 M 的大距离缩放，受 3 个小矩震级 M 的方程约束；

a_{21}——浅层土壤深度比例因子，受限于一维站点响应；

a_{22}——深层土壤深度比例因子，受限于三维站点响应；

c_1——震级标度的突破，受硬岩模拟和经验数据的限制；

c_4——虚拟深度，由 PGA 回归得出；

c——非线性土壤响应项，受一维场地模拟的约束；

b——非线性土体响应的斜率，受一维场地模拟的约束；

V_{LIN} ——当 $V_{S30} > V_{LIN}$ 时对 V_{S30} 的线性缩放，受一维场地模拟的约束；

c_2 ——浅层土壤深度标度项，受一维场地模拟的约束。

CY2008 主余震地震动衰减关系为：

$$\ln(y_{ij}) = \ln(y_{\mathrm{ref}_{ij}}) + \Phi_1 \cdot \min\left(\ln\left(\frac{V_{S30_j}}{1130}\right),\ 0\right)$$

$$+ \Phi_2 \{ \mathrm{e}^{\Phi_3[\min(V_{S30_j},\ 1130) - 360]} - \mathrm{e}^{\Phi_3(1130 - 360)} \} \ln\left(\frac{y_{\mathrm{ref}_{ij}}\, \mathrm{e}^{\eta_i} + \Phi_4}{\Phi_4}\right)$$

$$+ \Phi_5 \left(1 - \frac{1}{\cosh[\Phi_6 \cdot \max(0,\ Z_{1.0} - \Phi_7)]} \right)$$

$$+ \frac{\Phi_8}{\cosh[0.15 \cdot \max(0,\ Z_{1.0} - 15)]} + \eta_{ij} + \varepsilon_{ij} \tag{2.21}$$

$$\ln(y_{\mathrm{ref}_{ij}}) = c_1 + [c_{1a}F_{RVi} + c_{1b}F_{NMi} + c_7(Z_{TORi} - 4)](1 - AS_i)$$

$$+ [c_{10} + c_{7a}(Z_{TORi} - 4)] AS_i + c_2(M_i - 6)$$

$$+ \frac{c_2 - c_3}{c_n} \ln[1 + \mathrm{e}^{c_n(c_M - M_i)}]$$

$$+ c_4 \ln\{R_{\mathrm{rup}_{ij}} + c_5 \cosh[c_6 \max(M_i - c_{HM},\ 0)]\}$$

$$+ (c_{4a} - c_4) \ln(\sqrt{R_{\mathrm{rup}_{ij}}^2 + c_{RB}^2})$$

$$+ \left\{ c_{\gamma 1} + \frac{c_{\gamma 2}}{\cosh[\max(M_i - c_{\gamma 3},\ 0)]} \right\} R_{\mathrm{rup}_{ij}}$$

$$+ c_9 F_{HW_{ij}} \tanh\left(\frac{R_{x_{ij}} \cos^2 \delta_i}{c_{9a}}\right) \left(1 - \frac{\sqrt{R_{jb_{ij}}^2 + Z_{TORi}^2}}{R_{\mathrm{rup}_{ij}} + 0.001} \right) \tag{2.22}$$

式中　y_{ij} ——反映地面运动的参数；

$y_{\mathrm{ref}_{ij}}$ ——反映参考场地条件下地面运动的参数；

M_i ——动量量值；

$R_{\mathrm{rup}_{ij}}$ ——断层距；

$R_{jb_{ij}}$ ——Joyner-Boore 距离；

$R_{x_{ij}}$ ——至破裂顶部边缘的水平距离；

$F_{HW_{ij}}$ ——上盘位置标志；

δ_i ——断层倾角；

Z_{TORi} ——破裂深度至顶部的距离；

F_{RVi} ——反向断层地震标志；

F_{NMi} ——正常断层地震标志；

AS_i ——余震标志；

V_{S30_j} ——顶部 30m 以上的横波速度；

$Z_{1.0}$ —— $V_S = 1.0$km/s 时的现场深度；

c_i，Φ_i ——拟合系数。

主余震地震动衰减模型应该同时具有两重属性，其一是对现有主余震地震动记录具有较高的拟合性，其二是可以作为已知场地等类型的地面参数，具有主余震序列主要地震动参数的预测性。通过对 AS2008 和 CY2008 两种模型的比较发现，其参数非常复杂，使仅考虑不同的场地类型、断层距、震级的主余震地震动衰减的可预测性大大降低。

本章研究已有衰减模型和所选取数据库的衰减规律，以便于实现主余震地震动衰减关系的预测。选取壳内主余震地震动记录，不考虑近场区域的饱和效应，提出了以下的余震地震动参数衰减关系：

$$\ln(\nabla Y) = b_1 M_{ms} + b_2 \nabla M + b_3 \ln\left(\frac{V_{ref}}{V_{S30}}\right) + b_4 \ln(D_{ms}) + \varepsilon \qquad (2.23)$$

式中 ∇Y ——余震地震动参数 Y_{as} 与主震地震动参数 Y_{ms} 的比值，也可称为余震地震动的相对参数；

M_{ms} ——主震矩震级；

∇M ——余震矩震级 M_{as} 与主震矩震级 M_{ms} 的比值，$\nabla M = M_{as}/M_{ms}$；

V_{ref} ——特定的参考速度，本书中为美国地震减灾计划 NEHRP 中 B、C 类场地的剪切波速界限值，取 760m/s；

V_{S30} ——地下 30m 的平均剪切波速；

D_{ms} ——主震的断层距；

ε ——预测值和观测值之间的残差，一般假定其服从均值为 0、标准差为 σ 的正态分布；

$b_1 \sim b_4$ ——公式的拟合系数。

余震地震动参数衰减公式（2.23）中，等号右侧的第一项用来描述 ∇Y 随主震震级的变化情况。第二项描述主余震震级耦合相关性对 ∇Y 的影响，这在许多学者的研究中[16,17] 已得到证实。第三项描述场地剪切波速对 ∇Y 的影响，根据地震动实际记录的原始数据库 PEER，这里的拟合根据 V_{S30} 取值。第四项用来描述 ∇Y 随主震震源距的变化情况。第五项为预测值和观测值之间的残差。式（2.23）考虑了主震相关的敏感参数，因此不仅能反映主余震地震参数之间的关系，还能方便地预测余震地震动参数值。

用最小二乘法对式（2.23）进行拟合，采用 Campbell[118] 的方法，选取最为合适的拟合参数得出地震动衰减方程。为了保证模型的值与观测值差的平方最小，采用下式：

$$Q = \min \sum_{i}^{n} (y_{ie} - y_i)^2 \tag{2.24}$$

式中 y_{ie}——根据模型计算得出的估计值；

y_i——观测值。

展开式（2.23）并使用线性函数则表示为：

$$y(M_{ms}, M_{as}, V_{S30}, D_{ms}; b_1, b_2, b_3, b_4) = b_1 M_{ms} + b_2 \frac{M_{as}}{M_{ms}} + b_3 \ln\left(\frac{V_{ref}}{V_{S30}}\right) + b_4 \ln(D_{ms}) \tag{2.25}$$

对于 n 个样本，可以用如下的线性方程组表示：

$$b_1 M_{ms}^1 + b_2 \frac{M_{as}^1}{M_{ms}^1} + b_3 \ln\left(\frac{V_{ref}}{V_{S30}^1}\right) + b_4 \ln(D_{ms}^1) = y_1$$

$$b_1 M_{ms}^2 + b_2 \frac{M_{as}^2}{M_{ms}^2} + b_3 \ln\left(\frac{V_{ref}}{V_{S30}^2}\right) + b_4 \ln(D_{ms}^2) = y_2$$

$$\cdots$$

$$b_1 M_{ms}^i + b_2 \frac{M_{as}^i}{M_{ms}^i} + b_3 \ln\left(\frac{V_{ref}}{V_{S30}^i}\right) + b_4 \ln(D_{ms}^i) = y_i$$

$$\cdots$$

$$b_1 M_{ms}^n + b_2 \frac{M_{as}^n}{M_{ms}^n} + b_3 \ln\left(\frac{V_{ref}}{V_{S30}^n}\right) + b_4 \ln(D_{ms}^n) = y_n \tag{2.26}$$

整理为矩阵，可以得出：

$$\begin{bmatrix} M_{ms}^1 & \frac{M_{as}^1}{M_{ms}^1} & \ln\left(\frac{V_{ref}}{V_{S30}^1}\right) & \ln(D_{ms}^1) \\ \vdots & \vdots & \vdots & \vdots \\ M_{ms}^n & \frac{M_{as}^n}{M_{ms}^n} & \ln\left(\frac{V_{ref}}{V_{S30}^n}\right) & \ln(D_{ms}^n) \end{bmatrix} * \begin{bmatrix} b_1 \\ b_2 \\ b_3 \\ b_4 \end{bmatrix} = \begin{bmatrix} y_1 \\ y_2 \\ \vdots \\ y_n \end{bmatrix} \tag{2.27}$$

将样本矩阵记为矩阵 A，参数矩阵记为矩阵 B，观测值记为矩阵 Y，则上述矩阵可记为 $AB = Y$，对于最小二乘法，Q 最终的矩阵表达式则为：

$$\min Q = \|AB - Y\|^2 \tag{2.28}$$

根据正规方程组的理论可知，最优解为：

31

$$B = (A^{\mathrm{T}}A)^{-1}A^{\mathrm{T}}Y \qquad (2.29)$$

2.2.2 回归结果

根据 2.2.1 节描述的方法对公式（2.23）进行拟合，得到了对应 PGA 余震衰减公式（2.30），表 2.2 给出了 PGA 衰减模型的拟合系数以及标准差。

$$\ln(\nabla PGA) = b_1 M_{\mathrm{ms}} + b_2 \nabla M + b_3 \ln\left(\frac{V_{\mathrm{ref}}}{V_{\mathrm{S30}}}\right) + b_4 \ln(D_{\mathrm{ms}}) + \varepsilon \qquad (2.30)$$

其中 ε 满足均值为 0、标准差为 0.4976 的正态分布。

PGA 衰减模型的拟合系数及标准差　　　　　　　　表 2.2

强度参数	b_1	b_2	b_3	b_4	σ
PGA	0.2495	-3.9855	0.2059	0.0116	0.4976

系数 b_1 的值为正，表明 ∇PGA 随着主震震级 M_{ms} 的增大而增大。由于主余震衰减模型中，主震震级、主余震相对参数、场地剪切波速以及主震震源距虽然分属不同公式项，但参数之间存在相关性，故后续均会根据不同参数条件，讨论余震衰减与各参数之间的关系。图 2.2 给出了 M_{ms} 对应的 ∇PGA 随 V_{S30} 的变化趋势，可以看出对应不同的 ∇M 以及 D_{ms}，其总趋势均为随着场地剪切波速的增加，∇PGA 减小，当剪切波速小于 $300\mathrm{m/s}$ 时，∇PGA 下降速率较大，超过此区段后 ∇PGA 的下降速率趋于平缓。主震震级越大，∇PGA 随着 V_{S30} 增加其下降速率越大。虽然系数 b_1 的值不大，但随着主震震级 M_{ms} 的变化，∇PGA 离散性会增大。

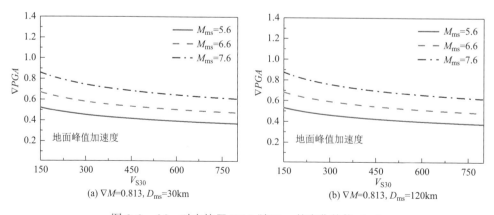

图 2.2　M_{ms} 对应的 ∇PGA 随 V_{S30} 的变化趋势（一）

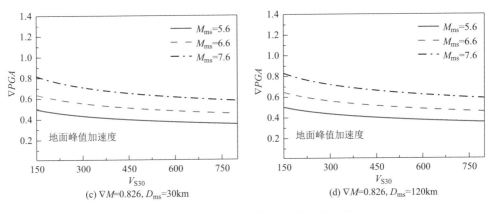

(c) ∇M=0.826, D_{ms}=30km   (d) ∇M=0.826, D_{ms}=120km

图 2.2 M_{ms} 对应的 ∇PGA 随 V_{S30} 的变化趋势（二）

系数 b_2 的值为负，表明 ∇PGA 随着主余震震级比值 ∇M 的增大而减小。图 2.3 给出了 ∇M 对应的 ∇PGA 随 V_{S30} 的变化趋势，可以看出对应不同的 M_{ms} 以及 D_{ms}，其总趋势均为随着场地剪切波速的增加，∇PGA 减小，当剪切波速小于 300m/s 时 ∇PGA 下降速率较大，超过此区段后 ∇PGA 的下降速率趋于平缓。当主震震级确定而余震震级不同时，∇PGA 随着 V_{S30} 增加其下降速率趋于一致。

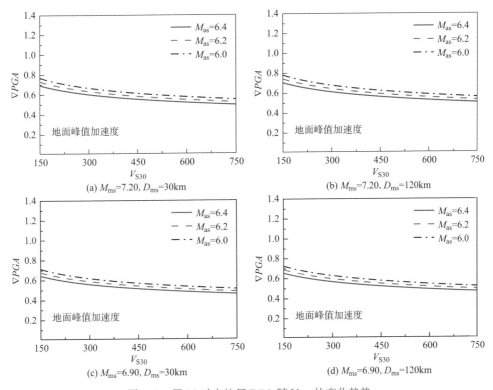

(a) M_{ms}=7.20, D_{ms}=30km   (b) M_{ms}=7.20, D_{ms}=120km

(c) M_{ms}=6.90, D_{ms}=30km   (d) M_{ms}=6.90, D_{ms}=120km

图 2.3 ∇M 对应的 ∇PGA 随 V_{S30} 的变化趋势

虽然系数 b_2 的值较大，但随着余震震级 ∇M 的变化，∇PGA 离散性不大。

系数 b_3 的值为正，表明随着 V_{S30} 的增大，$\ln\left(\dfrac{V_{ref}}{V_{S30}}\right)$ 减小，相应 ∇PGA 也会减小。图 2.4 给出了 V_{S30} 对应的 ∇PGA 随 D_{ms} 的变化趋势，可以看出对应不同的 M_{ms} 以及 ∇M，其总趋势均为随着主震断层距的增加，∇PGA 增大。对应不同 M_{ms} 以及 ∇M 时，∇PGA 随着 D_{ms} 增加其增加速率趋于一致且平缓。

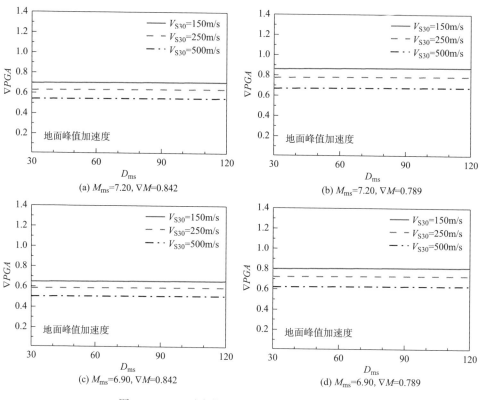

图 2.4　V_{S30} 对应的 ∇PGA 随 D_{ms} 的变化趋势

系数 b_4 的值为正，表明 ∇PGA 随着主震震源距 D_{ms} 的增大而增大。图 2.5 给出了 D_{ms} 对应的 ∇PGA 随 V_{S30} 的变化趋势，可以看出对应不同的 M_{ms} 以及 ∇M，其总趋势均为随着场地剪切波速的增加 ∇PGA 减小。对应不同 M_{ms} 以及 ∇M 时，∇PGA 随着 V_{S30} 增加其下降速率趋于一致，离散性最小。

2.2.3　衰减模型合理性论证

为了验证本书所提出的余震地震动衰减模型的合理性，此小节将预测数据与实际数据进行对比分析。将实际地震动按照地震动参数划分为不同的范围来分别

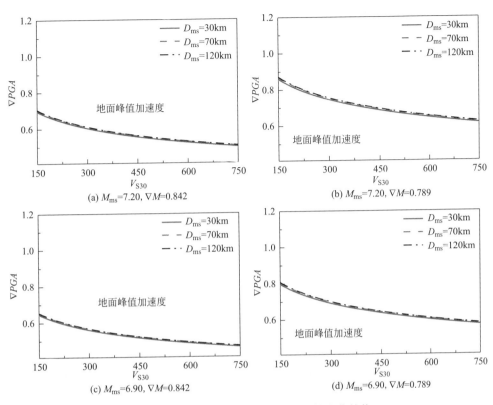

图 2.5　D_{ms} 对应的 ∇PGA 随 V_{S30} 的变化趋势

与预测结果进行比较是一种常用的方法，但由于实际主余震地震动数据量相对较少，按照参数划分的方法进行比较会使部分参数范围由于记录较少而失去比较意义，故在比较之前参考已有文献[119,120] 的做法，将已有实际主余震地震动记录根据公式（2.31）进行标准化，然后根据公式（2.23）中涉及的主震震级、余震震级、主震断层距和场地剪切波速与预测值进行比较分析。

$$\ln(obs_{nor}) = \ln(obs) - \ln(pre) + \ln(pre_{nor}) \tag{2.31}$$

式中　$\ln(obs_{nor})$——标准化的实际观测值；

$\quad\quad\ \ln(obs)$——实际观测值；

$\quad\quad\ \ln(pre)$——实际条件下的预测值；

$\quad\quad\ \ln(pre_{nor})$——标准条件下的预测值。

根据主余震衰减模型所涉及的主要地震动参数，建立主震震级、余震震级、主震断层距和场地剪切波速的对比标准条件，并且为了验证本书假定的合理性及考虑地震动参数的离散性，共建立 6 组标准条件进行比较，如表 2.3 所示。

PGA 衰减模型验证标准化条件　　　　表 2.3

标准条件	M_{ms}	∇M	V_{S30}	D_{ms}
第1组	7.60	6.20	250m/s	30km
第2组	7.60	6.20	360m/s	90km
第3组	7.60	6.30	250m/s	30km
第4组	7.60	6.30	360 m/s	90km
第5组	7.60	5.90	250m/s	30km
第6组	7.60	5.90	360m/s	90km

　　图 2.6 给出了在不同标准化条件下，对应的 ∇PGA 随 D_{ms} 的预测值与标准化观测值之间的比较图。

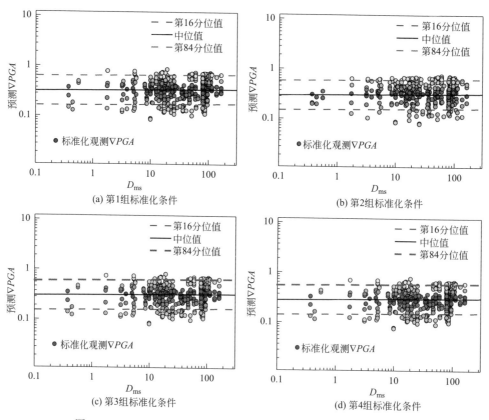

图 2.6　∇PGA 随 D_{ms} 的预测值与标准化观测值之间的比较（一）

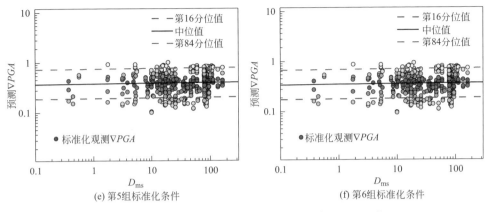

(e) 第5组标准化条件　　　　　　　　　(f) 第6组标准化条件

图 2.6　∇PGA 随 D_{ms} 的预测值与标准化观测值之间的比较（二）

图 2.7 给出了在不同标准化条件下，对应的 ∇PGA 随 ∇M 的预测值与标准化观测值之间的比较图。

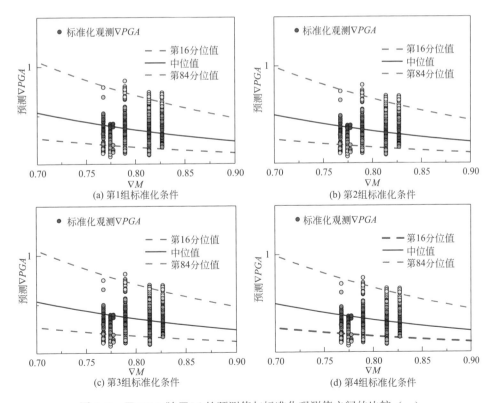

(a) 第1组标准化条件　　　　　　　　　(b) 第2组标准化条件

(c) 第3组标准化条件　　　　　　　　　(d) 第4组标准化条件

图 2.7　∇PGA 随 ∇M 的预测值与标准化观测值之间的比较（一）

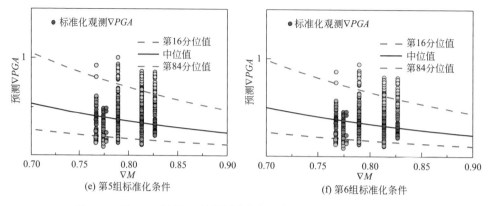

图 2.7 ∇PGA 随 ∇M 的预测值与标准化观测值之间的比较（二）

图 2.5～图 2.7 中实线表示预测的中位值，虚线分别对应于第 16 分位值和第 84 分位值（假定地震动参数服从对数正态分布）。可以看出，标准化数据相对均匀地分布于中位值两侧，绝大部分的标准化数据均落在虚线范围内，表明余震地震动衰减模型能够较好地模拟壳内地震序列的主余震地震动强度参数关系，进而证明假定是合理的。

同时也需说明，以上各图给出的预测值均为在标准差之下的预测值和观测值之间的残差预测数据，根据图 2.7 可以看出，相对主余震震级比值下 ∇PGA 观测值绝大多数均小于第 84 分位值，说明根据本书提出的余震地震动衰减模型求得的预测值是偏于安全的。当需要更高的概率保证率时，可以调整标准差。

2.2.4　残差分析

为了验证本书所提出的余震地震动衰减模型的准确性及精度，采用对数残差来研究模型的合理性。对数残差等于观测值的对数减去预测值的对数，然后进行残差分析来说明余震地震动衰减模型的精度。

图 2.8 给出了对数残差 ln(观测值/预测值) 与剪切波速 V_{S30} 的关系图，从图 2.8 可以看出，随着剪切波速 V_{S30} 的变化，对数残差较为均匀地分布在 0 周围，对数残差不依赖于 V_{S30}。

图 2.9 给出了对数残差 ln(观测值/预测值) 与主震断层距 D_{ms} 的关系图，从图 2.9 可以看出，随着主震断层距 D_{ms} 的变化，对数残差较为均匀地分布在 0 周围，对数残差不依赖于 D_{ms}。

图 2.10 为对数残差 ln(观测值/预测值) 与主余震震级之比 ∇M 的关系图，从图 2.10 看出，随着主余震震级之比 ∇M 的变化，对数残差较为均匀地分布在 0 周围，对数残差不依赖于 ∇M。

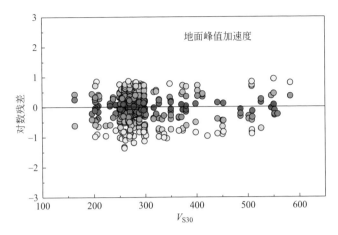

图 2.8 对数残差 ln(观测值/预测值)与剪切波速 V_{S30} 的关系图

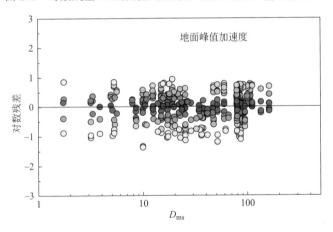

图 2.9 对数残差 ln(观测值/预测值)与主震断层距 D_{ms} 的关系图

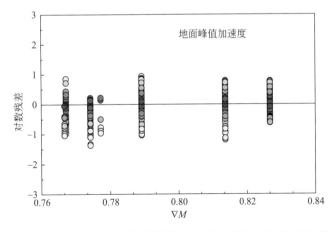

图 2.10 对数残差 ln(观测值/预测值)与主余震震级之比 ∇M 的关系图

在地震危险性分析中，一般假定地震动参数服从对数的正态分布，已有很多学者如 Abrahamson[121]、Jayaram 和 Baker[122] 证明了这种假定的合理性。标准残差的定义为残差与其标准差的比值，采用标准化的对数残差可以验证 ∇PGA 服从对数的正态分布。

图 2.11 给出了标准化对数残差的正态 Q-Q 散点图，纵坐标为处于不同分位数的标准化对数残差即统计分位值，横坐标为计算标准正态分布的具有纵坐标相同分位数的值。根据 Q-Q 散点图的定义，当离散数据近似为一条与纵横轴呈 45°的直线时，即可认为其数据服从于标准的正态分布。

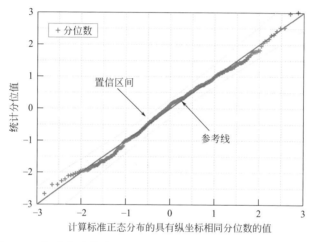

图 2.11　标准化对数残差 ln(观测值/预测值)的正态 Q-Q 散点图

从图 2.11 可以看出，所有的离散数据均可近似地表现为与纵横轴呈 45°的直线分布，说明标准化对数残差服从于标准正态分布，进而可以证明 ∇PGA 服从对数的正态分布。

2.2.5　与其他模型的比较

以下将讨论本书所提出的主余震地震动衰减模型，与目前公认的主余震主要参数间拟合精度较高的主余震地震动衰减模型 AS2008、CY2008 进行比较，进一步验证主余震地震动衰减关系的合理性。在比较时根据表 2.3 提出的 6 组标准化条件进行比较，图 2.12 分别给出了不同标准条件下地震动衰减模型 ∇PGA 随着 V_{S30} 的变化情况（图中"NIHE"表示本书提出的模型）。

从图 2.12 可以看出，对于 ∇PGA，本书提出的模型在场地剪切波速越小的场地与 CY2008 模型越接近，随着场地剪切波速的增加，当剪切波速 V_{S30} 大于 450m/s 时，与 AS2008 模型的计算结果基本一致。剪切波速 V_{S30} 仅在一个非常小的区间即〔200m/s，300m/s〕时，本书提出的模型与 CY2008 及 AS2008 有一定差别，其对于∇PGA 最大差值比例为 9.1%。总体来看，虽然本书提出的主余震地震动衰减关系选用的地震动参数个数相对于 CY2008、AS2008 模型较少，但从拟合后的对比分析结果来看与 CY2008、AS2008 模型计算结果非常接近。本书提出的模型的预测值要略大于 CY2008、AS2008 模型的预测结果，作为后续主余震序列的主要依据或作为工程应用其结果是偏于安全的。

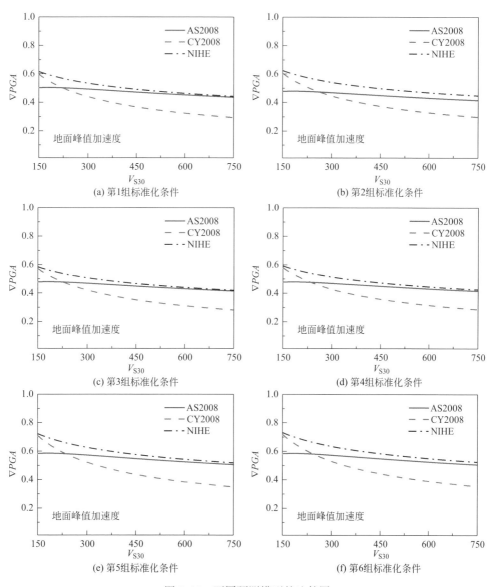

图 2.12　不同预测模型的比较图

2.3　设防烈度的余震地震动相对强度

在经受过多次强烈地震灾害后，地震工程学家们为了便捷地描述地震事件产生的震害强弱程度，引入了地震烈度的概念。各国在工程抗震中也是采用设防烈度的概念，如我国《抗震规范》、美国规范（ASCE/SEI7-10）[123]、欧洲规范（Eurocode 8）[124]。对于主余震地震动参数衰减关系就需要根据不同的设防烈度对其进行转换，确定设防烈度对应的主震级。

国内外已有大量学者[125,126] 通过统计几十年之间的地震事件，回归得到了震中烈度与震级的统计经验关系。本书选取 Gutenberg-Richter[125] 的烈度与震级的统计经验关系，见公式（2.32）。由于其在国内外的使用时间长及使用范围最广，并且对应其烈度的震级在诸多统计经验关系中属于中等偏大，这对于工程抗震是偏安全的。

$$M = 0.667 I_e + 1 \qquad (2.32)$$

式中　M ——矩震级；

　　　I_e ——烈度。

主震与余震的震级差采用地震工程学经典的巴特定律[13]（Bath's Law），其表述为：

$$\Delta M = M_{ms} - M_{as}^{max} \approx 1.2 \qquad (2.33)$$

式中　ΔM —— 主震震级与最大余震震级之差；

　　　M_{ms} ——主震震级；

　　　M_{as}^{max} ——最大余震震级。

我国《抗震规范》在确定建筑设防地震作用下主震地震动的参数时，主要依据设防烈度、场地类别、地震分组这三个重要参数确定。这与本书提出的余震地震动参数衰减关系是完全对应的。本书以我国《抗震规范》为例，列举出不同设防烈度下余震地震动相对强度系数。

表 2.4 给出了不同设防烈度下余震地震动相对强度系数，其中需要说明的是我国场地类别中的场地剪切波速与 V_{S30} 不同，可根据文献 [127] 给出的方法进行转换。根据公式（2.30）的拟合结果，本书提出的余震地震动参数衰减关系公式对 D_{ms} 不敏感，故相对于设计场地分组取大值。

设防烈度的余震地震动相对强度系数　　　　　　　　表 2.4

设防烈度	6 度	7 度(0.10g)	7 度(0.15g)	8 度(0.20g)	8 度(0.30g)	9 度
Ⅰ类场地	0.5274	0.5567	0.5773	0.6016	0.6296	0.6609
Ⅱ类场地	0.6084	0.6421	0.6658	0.6939	0.7261	0.7627
Ⅲ类场地	0.6758	0.7133	0.7397	0.7708	0.8067	0.8472
Ⅳ类场地	0.7076	0.7468	0.7744	0.8071	0.8446	0.8871

2.4　主余震序列构造方法

　　根据已有的研究成果，众多学者进行主余震序列构造时，将余震地震动参数的选取采用了与单主震地震动相同的方法，但其构造方法在细节上却不尽相同。如冯世平[20]、吴波和欧进萍[21,22]、Sunasaka 和 Kiremidjian[23]、Amadio 等[24]、Li 和 Ellingwood[25]、籍多发[128]、杜云霞[129] 等，这些方法为后续主余震构造方法的研究及改进提供了基础。但这些方法存在一定缺陷，当采用主震重复序列时，主余震的频谱特征与持时特性完全一致，这在自然界中是不存在的。当采用随机关联序列时，又会忽略主余震在断层距、场地特性、断层类型等内在因素间的相互依赖性。若采用以上方法，由于其对结构的激励特征与真实主余震序列对结构的激励特征存在较大差异，这就容易错误估计强余震对结构地震反应的影响。

　　随着全世界范围内强震数据库收集的主余震序列记录日益增加，主余震完整序列数据已经具有一定规模。本书在主余震序列构造中，首先完全选取已有真实主余震序列，以频谱分析的方法将主震、主余震序列分别认定为一次地震事件，通过对主震、主余震频谱特性的对比，提出一种具有工程意义的主余震序列构造方法。主余震序列构造是为了更好地模拟真实主余震事件发生的时间间隔相关性，保证余震开始作用时结构保持静止状态，且不会因为时间间隔太长影响计算效率。根据文献［130］已有的研究成果并结合计算效率确定主余震之间的时间间隔为 60s。

　　结构在地震动作用下的反应除与荷载幅值有关外，还与作用频率与结构自振频率之比和作用在频域内的能量分布有关。因此，频谱特性是描述地震动中极为重要的特征参数，包括 Fourier 谱、功率谱、Pseudo 反应谱。随机从真实主余震数据中选取 6 组主余震序列，如表 2.5 所示，分别进行频谱对比分析。图 2.13 给出了主余震序列事件加速度时程，便于后续频谱分析对比。

随机抽选 6 组实际主余震序列   表 2.5

序列编号	地震事件	台站	主震编号	余震编号
第 1 组	Chi-Chi	CHY070	RSN1225_CHY070N	RSN2489_CHY070N
第 2 组	Chi-Chi	KAU085	RSN1396_KAU085N	RSN2582_KAU085N
第 3 组	Imperial Valley	Bonds Corner	RSN160_H-BCR140	RSN193_A-BCR140
第 4 组	Imperial Valley	El Centro Array No. 1	RSN172_H-E01230	RSN197_A-E01230
第 5 组	Northridge	LA-ChalonRd	RSN989_CHL160	RSN3774_CHL160
第 6 组	Northridge	Elizabeth Lake	RSN971_ELL090	RSN1654_ELL090

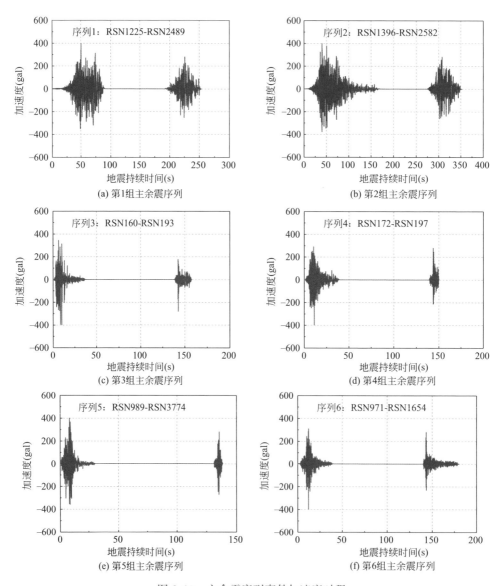

图 2.13 主余震序列事件加速度时程

Fourier 谱是把地震动时程看作是不同频率的谐波函数叠加时各谐波分量在总量中的比例关系,反映了地震动能量在频域中的分布,显示了不同频率谐波振动所携带的能量。图 2.14 为主余震序列与主震、余震的 Fourier 谱。

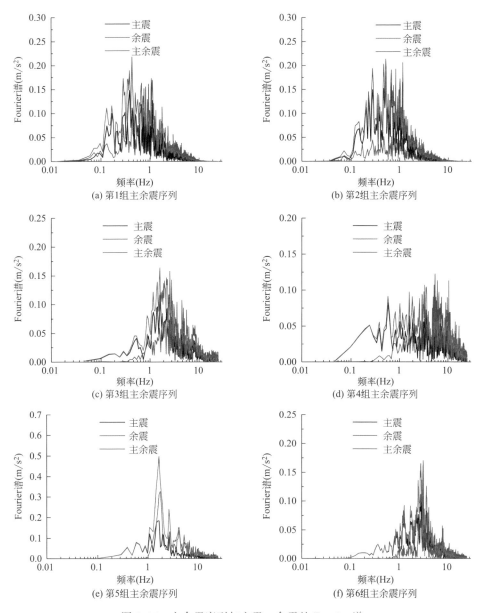

图 2.14　主余震序列与主震、余震的 Fourier 谱

由图 2.14 可看出,由于主震、余震 PGA 峰值不同,主震最大幅值高于余震最大幅值。主震与余震地震动能量在频域中的分布差异明显,进一步验证主震、

余震在真实事件中不存在相同的频谱特征。由于主余震序列事件是分别经历了主震、余震两个阶段，主余震序列在相同频率的谐波分量为主震、余震谐波分量之和。这也是主余震相对于主震会使特定自振周期的结构遭受更严重损伤的原因。

地震记录表明，虽然地震动持续时间仅几秒至几十秒，但可分为三个阶段，即开始时地震动从小到大迅速增大，接着是强震持续阶段，然后是缓慢的衰减阶段，表现出地震动的非平稳性。同时，在地震波传播过程中，地震动的不同频率成分衰减速度不同，使得地震动同时表现出频率非平稳性，而且地震动的非平稳性对其引起的结构反应具有重要影响。因此为了更好地描述地震地面运动的全过程，本书功率谱采用非平稳随机过程模型。图 2.15 为主余震序列与主震的时-频功率谱。可以看出在不同的序列中，当其主震、余震分别具有相同的 PGA 时（图 2.13），不同的主余震序列其在频率轴上携带的能量分布具有很大差异，相对于不同的结构，其吸收的能量也会差异很大。这就有必要确定一种具有工程意义的主余震地震动序列选取方法，而非随机选择地震动序列进行结构的地震动激励。

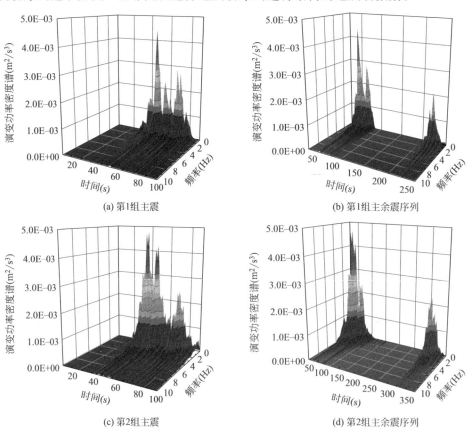

(a) 第1组主震　　　　　　　　　　　(b) 第1组主余震序列

(c) 第2组主震　　　　　　　　　　　(d) 第2组主余震序列

图 2.15　主余震序列与主震的时-频功率谱（一）

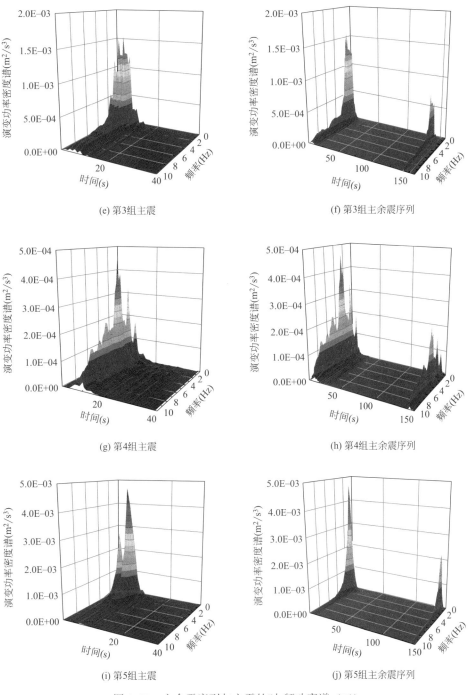

(e) 第3组主震

(f) 第3组主余震序列

(g) 第4组主震

(h) 第4组主余震序列

(i) 第5组主震

(j) 第5组主余震序列

图 2.15　主余震序列与主震的时-频功率谱（二）

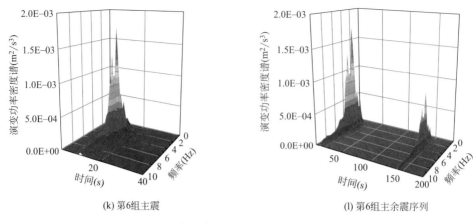

(k) 第6组主震　　　　　　　　　　(l) 第6组主余震序列

图 2.15　主余震序列与主震的时-频功率谱（三）

　　根据以上 Fourier 谱、功率谱的分析表明，Fourier 谱表示地震动时程中各谐波分量在总量中的比例关系。功率谱表示地震动能量在频率轴上的分布，它们都是对地震动本身某个物理量的描述，没有与结构在地震作用下的反应相联系。从结构动力学可知，在相同的动力荷载作用下，结构反应的大小除与荷载作用有关外，还与结构的自振特性有关。从物理意义上讲，结构在地震动作用下其破坏与否，除与地震动能量的大小有关外，更重要的是它从地震动能量中吸收的能量是多少，这是由结构的自振特性决定的，故需要对其进行 Pseudo 反应谱比较分析。图 2.16 为主余震序列与主震、余震的 Pseudo 反应谱。

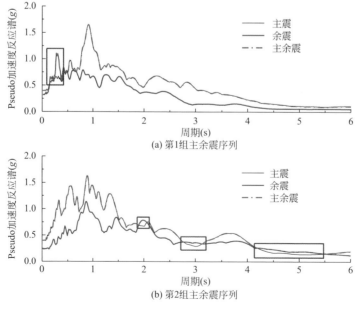

(a) 第1组主余震序列

(b) 第2组主余震序列

图 2.16　主余震序列与主震、余震的 Pseudo 反应谱（一）

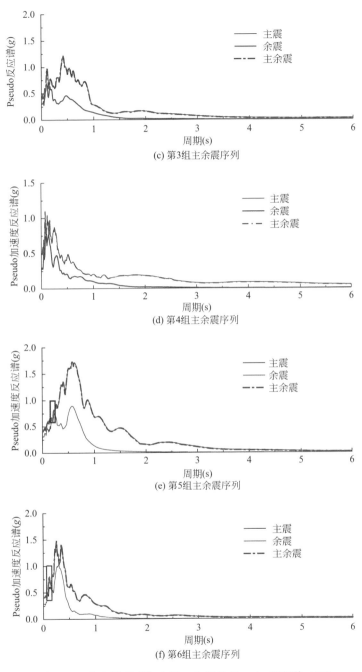

(c) 第3组主余震序列

(d) 第4组主余震序列

(e) 第5组主余震序列

(f) 第6组主余震序列

图 2.16　主余震序列与主震、余震的 Pseudo 反应谱（二）

　　从图 2.16 可看出，当把主余震序列作为一次地震事件与主震比较时，Pseu-do 反应谱相关性非常高。主余震序列 Pseudo 反应谱在绝大多数周期范围与主震

Pseudo 反应谱是一致的，说明主余震序列对结构的激励首先依赖于主震，仅在部分周期范围由于余震的激励高于主震的激励，故会高于主震 Pseudo 反应谱值，如图中方框所示范围。这种余震对主震频率激励的补充作用，在 Fourier 谱的分析中也得出了相同的结论。

根据以上的频谱分析结果，本书的主余震地震序列构造方法为：

（1）目前已经能够得到的天然主余震地震动数据库已初具规模，在进行主余震地震动序列对结构的激励时，为尽可能反映主余震对结构的真实损伤情况，应选择天然的主余震序列。

（2）根据本章提出的主余震地震动衰减公式，对目标主余震地震动序列按照设防类别的不同进行调幅。

（3）主余震序列对结构激励响应主要依赖于主震对结构的激励。在主余震序列的挑选过程中，可以根据世界上绝大多数国家包括我国在内的规范，基于与目标反应谱一致相关性的选波方法，即控制主要结构周期点对应反应谱与目标反应谱的一致相关性，以此来保证主余震序列能够较好地符合目标场地在未来可能遭受的地震特征。

（4）当根据上一步主余震地震动序列方法进行选波，所得主余震地震动序列不满足研究所需的数量时，由于主余震序列对结构激励响应主要依赖于主震对结构的激励，可对已选择主余震序列中的主震、余震记录，根据场地、地震发生事件、地震类型等因素的相关性进行随机组合，构造出更多的主余震地震动序列。这在一定程度上即能够考虑主震和余震的频谱差异，当考虑地震事件及台网场地等因素相关的随机组合时，也能在一定程度上考虑主震和余震之间的关联性，可更有利于研究结构在真实主余震序列下的非弹性响应。

2.5　小结

本章选取了 PEER 数据库中 11 次壳内地震的主余震地震动序列，即共有 1032 条主余震地震动记录，研究了主震、余震地震动参数的相关关系，给出了余震地震动考虑主震影响的相对参数衰减关系公式，并进行了分析验证。在此基础上为了便于工程抗震使用，结合我国《抗震规范》给出了基于设防烈度的余震地震动 PGA 相对强度系数，并将主震、余震、主余震序列分别作为单独的地震事件，利用频谱分析的方法提出了一种主余震序列的构造方法。主要得出以下结论：

（1）本章提出了基于主震震级、断层距及场地剪切波速 V_{S30} 这些重要主余震

参数的余震 PGA 衰减模型。在地震危险性分析及评估中,已知相关参数即可求得余震地震动 PGA 相对于主震地震动的参数值。通过与 PEER 数据库中实际观测数据进行比较分析,验证了本书所提出的衰减模型,在壳内地震类型中能够较好地模拟实际主余震地震动参数关系。

(2)通过对本书提出的衰减模型进行残差分析,可以明确得出本模型的残差不依赖于主震震级、断层距及场地剪切波速 V_{S30} 等地震动参数,并且通过正态 Q-Q 散点图证明余震地震动相对强度参数近似服从对数正态分布。

(3)通过与目前公认的精度较高的地震动强度衰减模型 AS2008、CY2008 进行比较,发现本书提出的主余震地震动衰减模型与 CY2008、AS2008 模型计算结果非常接近。本章模型的预测值要略大于 CY2008、AS2008 模型的预测结果,作为后续主余震序列的主要依据,其结果是偏于安全的。

(4)通过随机选取真实的主余震地震动记录,将主震、余震、主余震序列分别作为单独的地震事件,利用频谱分析的方法进行比较分析。发现主震与余震的能量在频域中的分布差异明显。但主余震序列对结构激励响应主要依赖于主震对结构的激励,以此作为主余震序列构造方法的依据,可以更好地反映结构在场地未来可能遭遇的地震特征。

▪第3章▪

带伸臂桁架超高层关键
节点抗震性能试验

3.1 引言

伸臂桁架＋钢管混凝土框架＋剪力墙核心筒作为超高层建筑中最为常用的结构形式，在超高层结构中取得了较为广泛的应用。伸臂桁架将框架柱与核心筒的刚度并联起来，使得框架与核心筒协同工作，在水平荷载作用下，伸臂桁架可以使得核心筒与框架柱变形协调，即可将核心筒的弯矩转换为周边框架柱上的轴力，使得框架柱与核心筒有机协调，提高结构整体刚度。由于加强层使结构竖向刚度形成了突变，就意味着此部分结构内力也相对于普通楼层大幅度增加。伸臂桁架的连接节点作为伸臂桁架安全性的最重要部分，伸臂桁架与核心筒之间的连接节点往往存在截面改变明显、构造复杂等特点。

为了保证"强节点、弱杆件"的设计理念，本书将以钢管混凝土框架柱-伸臂桁架-筒体剪力墙关键节点的低周往复加载试验研究为基础，通过对试验过程中试件的破坏特征、滞回曲线、骨架曲线、承载力退化规律、强度退化规律、刚度变化过程、位移延性系数、应变分布规律、耗能性能进行分析，从而对该类节点试件的抗震性能进行评价。对材料本构以及数值模拟参数，根据试验数据进行比对验证，为后续结构进行主余震非弹性反应特征分析提供可靠的有限元分析依据。

3.2 试验概况

为使所研究的伸臂桁架节点试件符合工程实际以及具有工程应用价值，本章试验所选取的节点试件以作者主持设计的兰州盛达金城广场超高层建设项目为背景工程。该项目为大型商业综合体，层数51层、结构高度212m。结构体系为伸臂桁架＋钢管混凝土框架柱＋钢框梁＋剪力墙核心筒结构。建筑设防烈度8度（0.20g），场地特征周期0.45s，结构共设置两道伸臂桁架，均设置于建筑避难层，伸臂桁架呈双"X"形布置，伸臂桁架加强层位于塔楼 25 层及 40 层。

3.2.1　试件设计与制作

本书所研究的伸臂桁架与剪力墙核心筒节点试件的原型位于该超高层建筑所在楼层 25 层。选取与钢筋混凝土剪力墙核心筒角部相交的两组伸臂桁架作为研究对象，分别考虑平面（单向）及空间（两个方向）下伸臂桁架节点的受力损伤特征，故将伸臂桁架试件分为平面、空间两组。空间节点试件两个，分别为试件 OTJ1-1、试件 OTJ1-2；平面节点试件两个，分别为试件 OTJ2-1、试件 OTJ2-2，同一试件组不同试件分别代表了与核心筒不同的连接方向。OTJ1-1、OTJ2-1 与剪力墙长肢相连，OTJ1-2、OTJ2-2 与剪力墙短肢相连。平面节点试件与空间节点试件的三维示意图如图 3.1（a）和图 3.1（b）所示。综合考虑试验设备加载能力、试验场地等因素，本次试验试件缩尺比例设计为 1∶10，缩尺原则为刚

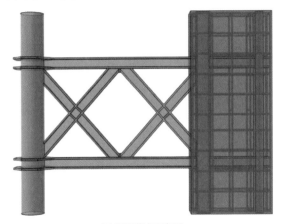

(a) 平面节点示意图

(b) 空间节点示意图

图 3.1　节点试件三维示意图

度、强度双参数近似。

空间伸臂桁架组由于筒体角部剪力墙在两个方向（x 方向，y 方向）的墙肢长度不一致，需考虑墙肢长度对伸臂桁架受力性能的影响以及两个方向的伸臂桁架在空间上的相互作用。因此对空间节点试件进行加载时，分别对两个方向的伸臂桁架框架柱施加往复荷载，对另外一个方向的框架柱施加恒定轴力。

伸臂桁架及剪力墙中内置钢骨的厚度按缩尺原则，根据参数比例折减并考虑钢材加工焊接稳定条件得到。剪力墙内钢筋配筋按等效配筋率原则及混凝土施工可行性原则进行配置。为模拟试件混凝土剪力墙核心筒在无伸臂桁架一侧具有足够刚度和承载力，在无伸臂桁架一侧设置钢管混凝土端柱对剪力墙进行约束，剪力墙下部与地梁进行刚接锚固。试件均按照实际工程中伸臂桁架与核心筒剪力墙的节点连接构造，试件伸臂桁架弦杆与墙内钢骨相连。

对于钢管混凝土柱，综合考虑试验时的加载空间及钢管混凝土柱受力的复杂性，在伸臂桁架与钢管混凝土柱连接节点处截取一段作为柱端边界，在柱顶施加竖向往复荷载对节点试件进行加载。平面缩尺节点试件尺寸和构造详图如图 3.2 所示，空间缩尺节点试件尺寸和构造详图如图 3.3 所示。

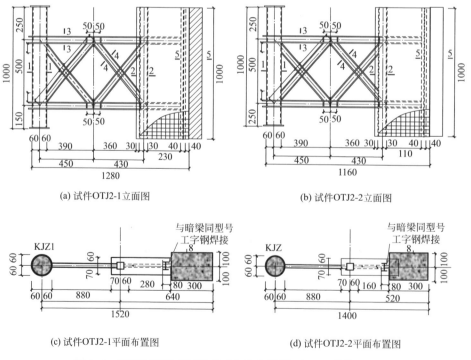

(a) 试件OTJ2-1立面图   (b) 试件OTJ2-2立面图

(c) 试件OTJ2-1平面布置图   (d) 试件OTJ2-2平面布置图

图 3.2　平面缩尺节点试件尺寸和构造详图（一）（单位：mm）

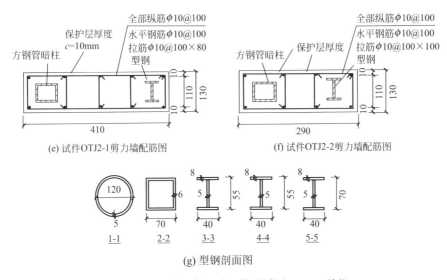

(e) 试件OTJ2-1剪力墙配筋图　　　　　(f) 试件OTJ2-2剪力墙配筋图

(g) 型钢剖面图

图 3.2　平面缩尺节点试件尺寸和构造详图（二）（单位：mm）

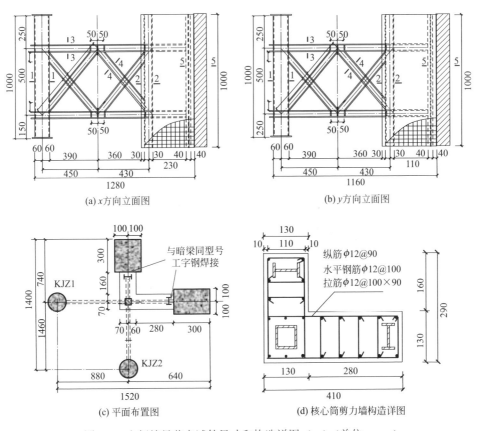

(a) x方向立面图　　　　　　　　　　(b) y方向立面图

(c) 平面布置图　　　　　　　　　(d) 核心筒剪力墙构造详图

图 3.3　空间缩尺节点试件尺寸和构造详图（一）（单位：mm）

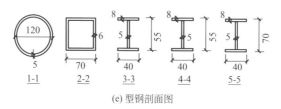

(e) 型钢剖面图

图 3.3　空间缩尺节点试件尺寸和构造详图（二）（单位：mm）

3.2.2　试验加载装置及试件安装

根据伸臂桁架在地震作用下的受力特点，超高层结构由于自振周期较长，并且伸臂桁架的设置数量有限，这就决定了伸臂桁架在地震动作用下的受力特点为低周往复运动。故本试验采用 100t 电液伺服作动器为试件施加低周往复荷载，加载位置位于钢管混凝土柱顶部，对于空间节点试件，利用液压千斤顶为另外一端的钢管混凝土柱施加恒定轴力，轴力施加后为保证初始状态稳定，此框架柱底端与地梁连接，千斤顶不卸载。作动器悬挂安装在 300t 反力架上，试件通过地梁固定于反力地板上，反力地板与地梁、地梁与试件通过螺栓连接进行固定，空间节点试件安装完成后的状态如图 3.4 所示，平面节点试件的加载示意图如图 3.5 所示。

图 3.4　空间节点试件安装示意图

3.2.3　试验加载过程以及数据采集

试验过程中往复荷载由电液伺服作动器施加，本次试验采用位移加载控制，试验前对试件采用 Abaqus 有限元软件进行分析，预估出试件的荷载-位移关系曲线，四组试件节点的荷载-位移关系曲线如图 3.6 所示。

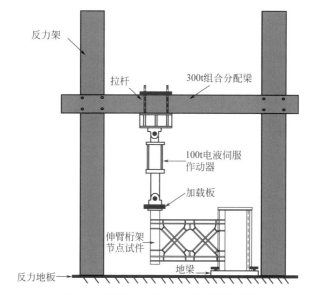

图 3.5　平面节点试件加载装置示意图

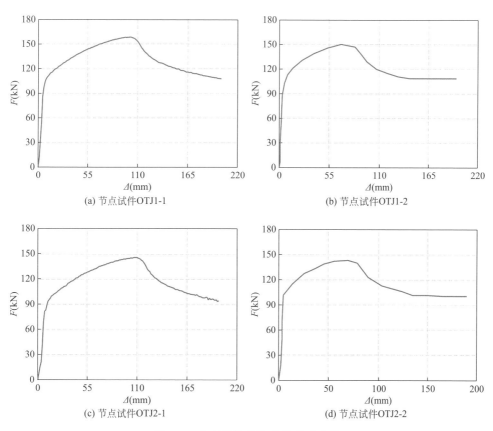

(a) 节点试件OTJ1-1

(b) 节点试件OTJ1-2

(c) 节点试件OTJ2-1

(d) 节点试件OTJ2-2

图 3.6　节点预估荷载-位移关系曲线

通过图解法得出节点的名义屈服位移（Δ_L）。参考现行行业标准《建筑抗震试验规程》JGJ/T 101[131] 中的相关规定，确定本次试验的加载制度。当试件达到名义屈服位移前，按照 $0.25\Delta_L$、$0.5\Delta_L$、$0.75\Delta_L$ 进行加载，每级荷载循环 2 次。当试件屈服后按照 Δ_L、$1.5\Delta_L$、$2\Delta_L$、$3\Delta_L$、$5\Delta_L$、$7\Delta_L$ 进行加载，屈服后的前三级荷载每级循环 3 次，其余每级荷载循环两次。空间节点试件试验加载过程以及加载制度示意图如图 3.7 所示。

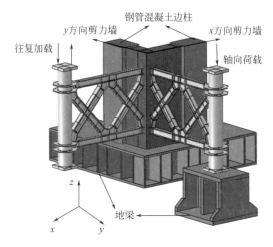

(a) 空间节点试件加载示意图

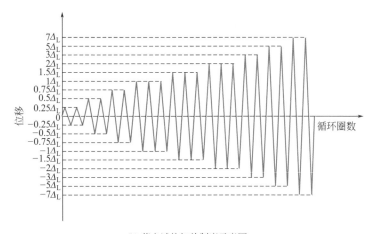

(b) 节点试件加载制度示意图

图 3.7　节点加载示意图和加载制度

图 3.8 为平面节点试件 OTJ2-1 主要位置的传感器和应变片布置方案，平面试件 OTJ2-1、OTJ2-2 均采用相同的布置方案。对于空间节点试件，进行低周往复加载一侧的伸臂桁架测点布置与平面试件相同，另外一侧伸臂桁架布置

了与平面节点试件相同的应变片，钢管混凝土柱头放置了压力传感器以采集通过千斤顶施加的恒定轴力。图3.8中1-1,2为应变片的布置编号，其中第一个数字1为测点编号，第二个数字1表示该测点处的纵向应变片的布置编号，第三个数字2表示该测点处横向应变片的布置编号。利用DH3816对测点的应变进行采集，在伸臂桁架与剪力墙交界处布置应变片，此处为理论分析得到的桁架变形最大位置，可以获得伸臂桁架各杆件的塑性发展规律。在伸臂桁架中部以及靠近钢管混凝土柱端一侧布置应变片，可分析桁架在外部荷载作用下的变形发展以及荷载传递规律。钢管混凝土柱顶通过电液伺服作动器进行加载，装置可以对加载过程中的力和位移进行采集。在柱顶下同时布置一个位移传感器，利用DH3816对位移进行采集，可以借助位移数据，对作动器采集的数据和DH3816采集的应变数据进行准确的对应，以便获得准确的荷载-应变关系曲线。

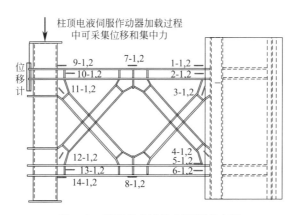

图3.8 平面节点试件主要测点布置

3.2.4 试件加工及材性试验

本次试验的试件，由于均按照实际伸臂桁架与核心筒剪力墙连接节点构造，相对缩尺比例较大，加工难度非常大。为了保证试件的可靠性，试件中钢结构加工、钢筋绑扎以及混凝土浇筑均由背景工程总包单位完成，背景工程监理单位全程参与试件的质量控制，图3.9为试件加工过程。

根据所示原则，最终确定的试件材料分别为剪力墙钢筋采用HPB300钢筋，钢材强度等级为Q235B，筒体剪力墙采用商用混凝土进行浇筑，强度等级为C50。对试件加工中预留的钢材截取标准试样进行钢材材性试验，标准试样每组3个。钢材和钢筋的材性试验数据如表3.1、表3.2所示。在混凝土浇筑时制作立方体标准试块（边长150mm），与试件在同条件下进行养护，在试验前对标准

(a) 节点试件OTJ1-1

(b) 节点试件OTJ2-2

图 3.9　试件加工过程

试块进行抗压强度试验，测得试块的抗压强度为 59.2MPa。

钢板材性试验结果　　　　　　　　　　　　　　　　　　表 3.1

板厚 t(mm)	屈服强度 f_y(MPa)	极限强度 f_u(MPa)	延伸率 δ(%)	弹性模量 E_s(MPa)
3.8	280.2	336.2	18.5	205.3
4.6	278.8	335.6	17.2	204.2
5.7	281.3	337.6	19.8	204.3
7.8	281.4	337.2	20.4	202.2
9.6	280.5	337.1	19.6	202.5

钢筋材性试验结果   表 3.2

直径(mm)	屈服强度 f_y(MPa)	极限强度 f_u(MPa)	延伸率 δ(%)	弹性模量 E_s(MPa)
10	348.9	453.6	19.3	216.5
12	344.2	447.5	20.4	215.3

3.3　节点试验现象及应力-应变关系

3.3.1　试验现象

（1）试件 OTJ1-1

试件 OTJ1-1 在 x 方向柱端施加往复荷载，在 y 方向柱端利用千斤顶施加恒定轴力。往复加载以柱端位移进行控制，用电液伺服作动器进行加载，以作动器推为正向，拉为负向，利用有限元软件 Abaqus 计算试件的屈服位移 Δ_L 为 21.5mm。第一级加载位移为 5.4mm（$0.25\Delta_L$），第一级正负向加载，结构尚处于弹性阶段，试件无明显变形。第二级加载位移为 10.8mm（$0.5\Delta_L$），第一圈正向加载至 8.9mm，x 方向伸臂桁架上弦杆上翼缘与剪力墙相连处出现一条水平裂缝，并延伸到与之垂直的剪力墙表面。从正向位置拉回至 0mm 附近，长短肢剪力墙交界的直角处出现一道竖向裂缝，长度 13cm。第二圈正向加载至 7.5mm，x 方向伸臂桁架上弦杆上翼缘与剪力墙相连处出现一道 45°斜裂缝。负向加载至 10.5mm，x 方向伸臂桁架上部斜腹杆与剪力墙连接处出现一条斜向上裂缝。第三级加载位移为 16.1mm（$0.75\Delta_L$），第一圈开始加载，x 方向伸臂桁架下弦杆上翼缘与剪力墙连接处产生一道斜向上裂缝，正向加载至 5.3mm，下弦杆与墙体连接处出现一条斜向下 45°的裂缝，同时观察到墙体先前产生的裂缝宽度增大。负向加载至 15mm，y 方向伸臂桁架上弦杆与剪力墙连接处的纵向裂缝继续向下发展。从负向位置推回至 1.4mm，x 方向伸臂桁架上弦杆与剪力墙连接处出现一条竖向裂缝，伸臂桁架上部斜腹杆与剪力墙连接处出现一条竖向裂缝，短肢剪力墙中部出现一条水平裂缝，伸臂桁架下弦杆与剪力墙连接处相继出现两条裂缝。第二圈正向加载至 1.4mm，x 方向伸臂桁架上弦杆上方与剪力墙连接处出现一条水平裂缝，下弦杆上翼缘与剪力墙连接处出现一条纵向裂缝。正向加载至 15mm，听到清晰的混凝土开裂声，剪力墙上裂缝宽度显著增大。负向加载至 11.2mm，x 方向伸臂桁架下弦杆上翼缘与剪力墙连接处出现一条斜裂缝。第三级加载结束，破坏主要发生在上下弦杆与剪力墙连接处，此时主要破坏位置的变形如图 3.10 (a)、图 3.10 (b) 所示。

第四级加载位移为屈服位移 21.5mm (Δ_L)，第一圈开始加载，y 方向伸臂桁架下弦杆与剪力墙连接处出现两条水平裂缝，并伴随明显的混凝土破碎声。正向加载至 21.5mm，x 方向伸臂桁架上弦杆发出一声较大崩裂声响，上弦杆周围混凝土保护层明显鼓起。此后的加载过程中先前产生的裂缝继续发展。第二圈负向加载至 21.5mm，x 方向伸臂桁架下弦杆发出一声崩裂声响，下弦杆周围裂缝增大。第三圈负向加载至 4.2mm，x 方向伸臂桁架上弦杆与剪力墙周围混凝土保护层鼓起更加明显。正向加载至 21.5mm，y 方向伸臂桁架与剪力墙连接处形成一条上下通长的竖向裂缝，如图 3.10 (c) 所示。

第四级加载结束，对滞回关系曲线观察发现试件屈服，进行第五级加载。第五级加载位移为 32mm（$1.5\Delta_L$），第一圈正向加载至 32mm，x 方向伸臂桁架上弦杆与剪力墙相连处混凝土保护层脱落，墙体上的通长竖向裂缝继续加宽。负向加载至 32mm，x 方向伸臂桁架下弦杆与剪力墙连接处混凝土保护层脱落，墙体变形如图 3.10 (d) 所示。第二圈加载过程中，x 方向伸臂桁架与剪力墙连接处混凝土保护层几乎与墙体分离，附着在墙体表面。第三圈负向加载至 3.6mm，大块混凝土保护层脱落，可以观察到与长肢剪力墙相连的伸臂桁架上弦杆与剪力墙内的暗柱连接处发生断裂。第五级加载结束，进行第六级加载，第六级加载位移为 43mm（$2\Delta_L$），第一圈正向加载至 24mm，x 方向伸臂桁架上弦杆与墙体连接处发出一声较大崩裂声响，此后的加载过程试件并无明显变化，剪力墙体表面混凝土继续脱落，第六级加载结束，此时墙体变形如图 3.10 (e) 所示。进行第七级加载，第七级加载位移为 64.5mm（$3\Delta_L$），第一圈负向加载至 62mm，x 方向伸臂桁架下弦杆与剪力墙内暗柱连接处发生断裂，试验结束，此时试件的整体变形如图 3.10 (f) 所示。

(2) 试件 OTJ1-2

试件 OTJ1-2 构造形式与试件 OTJ1-1 完全相同，区别在于与核心筒平面连接位置不同。试件 OTJ1-2 在 y 方向柱端施加往复荷载，在 x 方向柱端利用千斤顶施加恒定轴力。往复加载以柱端位移进行控制，用电液伺服作动器进行加载，以作动器推为正向，拉为负向，利用有限元软件 Abaqus 计算试件的屈服位移 Δ_L 为 18mm。第一级加载位移为 4.5mm（$0.25\Delta_L$），第一级荷载正负向加载，结构尚处于弹性阶段，试件无明显变形。第二级加载位移为 9mm（$0.5\Delta_L$），第一圈正向加载，试件仍无明显变形。第一圈负向加载至 5.6mm，y 方向伸臂桁架上弦杆下翼缘与剪力墙连接处出现微小水平裂缝，并向墙体边缘延伸，宽度 0.2mm，长短肢剪力墙交界处出现一道斜裂缝，宽度 0.1mm。负向加载至 6.4mm，y 方向伸臂桁架下弦杆与剪力墙连接处出现一道水平裂缝。第三级加载

(a) 三级加载结束上部破坏   (b) 三级加载结束下部破坏

(c) 四级加载结束通长裂缝   (d) 五级加载32mm墙体变形

(e) 六级加载结束混凝土脱落   (f) 试验结束试件整体变形

图 3.10　试件 OTJ1-1 试验变形

位移为 13.5mm（$0.75\Delta_L$），第一圈正向加载至最大位移，y 方向伸臂桁架上弦杆上翼缘与剪力墙连接处分别产生一道斜向上裂缝与一道竖向裂缝，在下弦杆下翼缘与剪力墙连接处出现一条水平裂缝。第二圈负向加载时，短肢剪力墙与长肢剪力墙交界处出现一条 0.4mm 宽的竖向裂缝，长度 14cm。

第四级加载位移为屈服位移 18mm（Δ_L），第一圈加载过程中，前几级加载产生的裂缝继续发展，x 方向伸臂桁架上弦杆上翼缘与墙体连接处产生一道斜裂缝。第二圈加载过程中，墙体裂缝继续发展，宽度增加，并伴随明显的混凝土开裂声。负向加载至 18mm，发生一声较大崩裂声响，y 方向伸臂桁架下弦杆与墙体连接处产生一条斜向上裂缝。第三圈加载过程中，y 方向伸臂桁架上弦杆上翼缘与墙体连接处产生水平裂缝，同时伴随有混凝土开裂声，第四级加载结束，y 方向墙体裂缝发展如图 3.11（a）所示。

第四级加载结束，进行第五级加载。第五级加载位移为 27mm（$1.5\Delta_L$），第一圈正向加载至 21mm，发出一声较大崩裂声响，y 方向伸臂桁架上弦杆与墙体连接处出现较大破坏，混凝土保护层轻微鼓起，墙体变形如图 3.11（b）所示。负向加载至 19mm，x 方向伸臂桁架与墙体连接中部出现斜向下发展的裂缝，宽度 2mm，y 方向伸臂桁架下翼缘与墙体连接处发出一声较大崩裂声响。第二圈正向加载至 27mm，y 方向伸臂桁架与墙体连接处下部混凝土保护层剥落。x 方向伸臂桁架与墙体连接处形成一条几乎贯通整个墙体的裂缝，如图 3.11（c）所示。第三圈正向加载至 25mm，长短肢剪力墙交界中部混凝土掉落，从正向位置拉回加载至 5mm，y 方向伸臂桁架上弦杆与墙体连接处混凝土脱落，观察到墙内暗柱与桁架连接处发生断裂，此时 y 方向墙体混凝土保护层大量鼓起，如图 3.11（d）所示。第六级加载位移为 36mm（$2\Delta_L$），第一圈加载过程中混凝土保护层继续脱落，第二圈正向加载至 36mm，发出一声较大崩裂声响，墙体表面混凝土大面积脱落。第三圈正向加载至 36mm 时，又发出一声较大崩裂声响，观察到 y 方向伸臂桁架上弦杆与剪力墙内暗柱连接处发生断裂。

第七级加载位移为 54mm（$3\Delta_L$），在两圈正负向加载过程中，y 方向伸臂桁架与墙体连接处混凝土保护层几乎全部脱落，墙体内箍筋发生明显变形。第八级加载位移为 90mm（$5\Delta_L$），第一圈正向加载至 90mm，y 方向伸臂桁架上部斜腹杆与墙体暗柱连接处发生断裂，试验结束，此时节点试件的整体变形如图 3.11（e）、（f）所示。

（3）试件 OTJ2-1

前两级加载分别为 6.2mm（$0.25\Delta_L$）、12.5mm（$0.5\Delta_L$），加载过程中伸臂桁架无明显变形，混凝土剪力墙未发现裂缝，试件处于弹性阶段。第三级加载为 17.4mm（$0.75\Delta_L$），第一圈正向加载，伸臂桁架上弦杆与剪力墙连接处出现斜

(a) 四级加载结束墙体裂缝

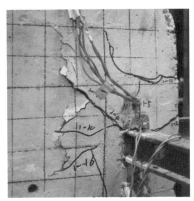

(b) 混凝土保护层轻微鼓起

(c) 墙体形成通长的竖向裂缝

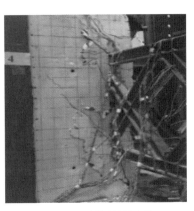

(d) 五级加载结束墙体变形

(e) 试验结束试件整体变形1

(f) 试验结束试件整体变形2

图 3.11 试件 OTJ1-2 试验变形

向上发展的裂缝，宽度约为 0.2mm，如图 3.12（a）所示。第一圈负向加载，伸臂桁架下弦杆受拉，剪力墙与桁架下弦杆连接处出现较多微小斜向裂缝。第二圈正向加载至 17.4mm 时，试件发出两声较大崩裂声响，此时剪力墙与桁架上弦杆连接处裂缝迅速发展，宽度增加，并有小块混凝土脱落，桁架无明显变形，如图 3.12（b）所示。第二圈负向加载至最大位移时，剪力墙与桁架下弦杆连接处出现一条竖向裂缝，且该裂缝从剪力墙下部向上发展至剪力墙中部，宽度约为 0.5mm，如图 3.12（c）所示。第四级加载位移为 24.9mm（$1.0\Delta_L$），第一圈正向加载至 19.5mm，剪力墙与桁架上弦杆连接处有混凝土保护层脱落，墙内钢筋裸露，此时发现剪力墙内钢管在桁架上弦杆连接处鼓曲，如图 3.12（d）所示。第一圈正向加载至 24.9mm，荷载-位移曲线显示承载力为 72.3kN，承载力与上一级加载相比发生下降。第一圈负向加载至 24.9mm，墙体在下弦杆附近形成的竖向裂缝继续发展，宽度显著增加，此时通过滞回曲线可见节点的刚度和承载力明显下降。第二圈正向加载过程中，剪力墙与桁架上弦杆连接处混凝土大量脱落，剪力墙内暗柱与桁架连接节点完全暴露出来，暗柱与桁架连接处出现明显鼓曲。第二圈负向加载过程中，剪力墙与桁架下弦杆连接节点处有大量混凝土脱落。第五级加载位移为 37mm（$1.5\Delta_L$），第一圈正向加载过程中，剪力墙内暗柱与桁架上弦杆连接节点变形随加载位移的增加而增大，此过程中剪力墙体基本无变形发生，第一圈负向加载过程中，墙内暗柱与桁架上弦杆连接处发生断裂，如图 3.12（e）所示。第二圈负向加载至 37mm，桁架下弦杆与剪力墙内暗柱连接处发生断裂，在本级加载过程中，伸臂桁架在加载过程中变形较小，剪力墙与桁架连接处混凝土几乎完全脱落，墙内箍筋、纵向钢筋完全暴露出来。第六级加载位移为 50mm（$2.0\Delta_L$），加载过程中伸臂桁架弦杆与暗柱连接处破坏更加严重，但伸臂桁架整体无明显变形。第七级加载位移为 74mm（$3.0\Delta_L$），在第二圈加载过程中，桁架上弦杆与暗柱连接处完全发生断裂，此时桁架与剪力墙连接只依靠中部腹杆与暗柱的连接以及墙内箍筋的约束，试验结束，节点的整体变形如图 3.12（f）所示。

（4）OTJ2-2

前四级加载位移分别为 3.3mm（$0.25\Delta_L$）、6.5mm（$0.5\Delta_L$）、9mm（$0.75\Delta_L$）、12.9mm（$1.0\Delta_L$），前四级加载过程中，位移较小，试件处于弹性阶段，剪力墙体和伸臂桁架无明显变形，同级荷载-位移曲线几乎重合，强度退化较小，试件承载力随加载位移增大而增大。第五级加载位移为 19mm（$1.5\Delta_L$），第一圈正向加载至 19mm，伸臂桁架上弦杆及上部斜腹杆与剪力墙连接处出现斜向上发展的微裂缝，随着加载的继续进行，裂缝逐渐向上扩展，上弦杆与墙体连接处出现一条水平裂缝，剪力墙侧面产生沿 45° 方向扩展的裂缝。第五级第二圈加载过程中，剪力墙与桁架上弦杆连接处墙体出现呈 45° 向下扩展的斜裂缝，上弦杆周围裂缝

(a) 三级加载上弦杆与墙体裂缝

(b) 三级加载上弦杆与墙体裂缝发展

(c) 三级加载剪力墙下部竖向裂缝

(d) 四级加载上弦杆周围混凝土脱落

(e) 五级加载上弦杆与暗柱连接处断裂

(f) 七级加载结束节点整体变形

图 3.12 试件 OTJ2-1 试验变形

发展如图 3.13（a）所示。第三圈加载过程中，剪力墙与伸臂桁架下弦杆连接处墙体产生斜裂缝，呈 45°方向扩展，如图 3.13（b）所示。第六级加载位移为 26mm（$2.0\Delta_L$），第一圈正向加载过程中，上弦杆与剪力墙连接处裂缝数量基本没有增加，但先前产生的裂缝继续扩展变宽，并伴随明显的混凝土开裂声。第一

(a) 五级加载墙体裂缝   (b) 45°斜裂缝

(c) 六级加载墙体裂缝   (d) 七级加载墙体变形

(e) 七级加载试件变形   (f) 试验结束试件整体变形

图 3.13　试件 OTJ2-2 试验变形

圈负向加载时，下弦杆与剪力墙连接处所产生的斜裂缝逐渐增多，裂缝总体呈 X 形，其发展过程和上弦杆与剪力墙连接处裂缝发展过程相似，但裂缝发展过程较快，如图 3.13（c）所示。第七级加载位移为 39mm（3.0Δ_L），第一圈加载过程中，上弦杆与剪力墙连接处混凝土明显鼓起，先前发展的裂缝呈现明显的 X 形，如图 3.13（d）所示。第二圈正向加载过程中，桁架上弦杆与剪力墙内暗柱连接处出现一声较大崩裂声响，观察发现剪力墙内暗柱与桁架连接处出现明显的鼓曲变形，周围混凝土保护层脱落，剪力墙内钢筋以及暗柱暴露出来，如图 3.13（e）所示。第二圈负向加载至 39mm，伸臂桁架下弦杆与剪力墙连接处裂缝迅速发展，混凝土发生脱落，第八级加载位移为 64.5mm（5.0Δ_L），第一圈负向加载过程中，伸臂桁架下弦杆与暗柱连接处断裂，同时伴随有较大崩裂声响，此时通过观察荷载-位移曲线，试件刚度退化明显，承载力下降约 60％，伸臂桁架几乎丧失承载能力，试验停止，节点整体变形如图 3.13（f）所示。

3.3.2　滞回关系曲线

试件柱顶荷载（P）-位移（Δ）滞回关系曲线如图 3.14 所示。四组试件的滞

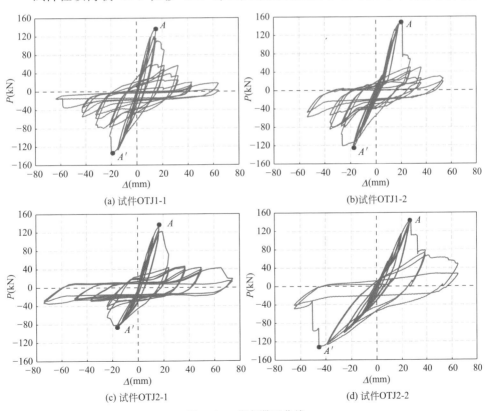

(a) 试件OTJ1-1　　　　　　　　　　(b)试件OTJ1-2

(c) 试件OTJ2-1　　　　　　　　　　(d) 试件OTJ2-2

图 3.14　节点滞回曲线

主余震序列作用下带伸臂桁架超高层建筑抗震性能研究

回关系曲线在峰值荷载（A 点、A' 点）出现之前，试件在加载和卸载过程中滞回曲线基本保持重合，节点整体处于弹性状态，耗能较少。峰值荷载后，试件滞回曲线的承载力有所下降，原因在于伸臂桁架与剪力墙交界处的混凝土被压碎。此后滞回曲线较为饱满，节点具有较好的延性和耗能能力。根据滞回曲线可以看出，整体节点是否屈服取决于首次超越位移。

3.3.3 试验现象对比

通过对比四组节点的试验现象和滞回曲线，四组节点的破坏过程较为相似，墙肢长度对节点的破坏形态影响较小，四组节点的破坏位置均在伸臂桁架与剪力墙内暗柱连接处，但剪力墙在加载过程中除保护层脱落外基本完好，表明节点在震损后其主要受力部分破坏较小，筒体剪力墙可以继续承受水平荷载以及竖向荷载，节点具有较好的抗震性能。

3.3.4 试件应变分布

为了得到节点试件的局部变形以及荷载传递规律，对试件典型位置的应变进行了分析。图 3.15（a）为试件 OTJ1-1 桁架上弦杆在剪力墙一侧（测点 2-1）、跨中位置（测点 7-1）、钢管混凝土柱一侧（测点 10-1）的柱顶荷载（P）-应变（ε）关系曲线。可见测点 7-1 的荷载（P）-应变（ε）关系曲线形成了一个较为完整的滞回环，并且应变较小。说明伸臂桁架部分从初始加载直至节点破坏，均出现大的塑性变形，连接节点破坏先于伸臂桁架。测点 2-1 在加载幅值未达到屈服值时，应变较小，荷载（P）-应变（ε）关系曲线为近似弹性。随着加载幅值的增大，荷载（P）-应变（ε）关系曲线出现较大的应变偏移，偏移方向取决于首先开裂的混凝土对应的位置。同时表明该测点在相同加载幅值下的循环加载过程中受力变化较大，节点试件在某些位置的受力特征发生了较大变化。测点 10-1 的荷载（P）-应变（ε）关系曲线在第一级加载过程中产生了较大的应变，这主要是由于此部分为加载端，试件加工的初始缺陷以及此部分未采取侧向约束引起的。此后荷载（P）-应变（ε）关系曲线在加载过程中基本处于弹性。在正向加载出现峰值荷载后，又产生一段较大应变，此时的应变偏移是由于连接节点产生较大塑性应变后对加载端的影响，然后应变继续处于弹性反应。此部分为加载端，可以看出在试验全过程此测点处于弹性阶段。

图 3.15（b）为试件 OTJ1-2 桁架与剪力墙连接部位的柱顶荷载（P）-应变（ε）分布规律。可见四个测点的荷载（P）-应变（ε）关系曲线均表现出较好的应力-应变关系，曲线相对饱满，具有较好的耗能能力。上弦杆测点 2-1 和下弦杆测点 5-1 应变较大，而腹杆测点 3-1 和测点 4-1 应变较小，表明剪力墙一侧桁架上

70

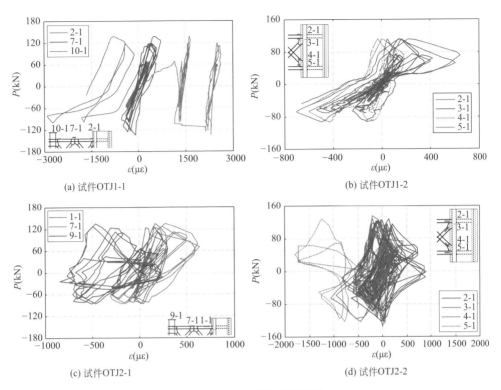

(a) 试件OTJ1-1

(b) 试件OTJ1-2

(c) 试件OTJ2-1

(d) 试件OTJ2-2

图 3.15　试件荷载-应变曲线

下弦杆受力较大，而腹杆受力较小。

图 3.15（c）为试件 OTJ2-1 伸臂桁架上弦杆上翼缘在剪力墙一侧（测点 1-1）、跨中位置（测点 7-1）和钢管混凝土柱一侧（测点 9-1）的荷载（P）-应变（ε）关系曲线。可见在达到峰值荷载时测点 9-1 的荷载-应变曲线发生偏移，这主要还是由于加载端受到节点较大塑性变形的影响。可以看出虽然平面试件与空间试件在试验现象及破坏形态上基本一致，但空间试件考虑双向作用耦合效应时，节点整体耗能能力下降，两种试件首次位移超越荷载基本一致。

图 3.15（d）为试件 OTJ2-2 伸臂桁架靠近剪力墙一侧在上弦杆腹板（测点 2-1）、斜腹杆腹板（测点 3-1 和测点 4-4）和下弦杆腹板（测点 5-1）的荷载（P）-应变（ε）关系曲线。由图可知，上弦杆和下弦杆腹板的变形较大，两个斜腹杆在腹板上的变形较小，表明桁架在剪力墙一侧上弦杆和下弦杆的腹板破坏程度较为严重，而斜腹杆的腹板变形较小。同样与空间试件相比考虑双向作用耦合效应时，节点整体耗能能力下降，两种试件首次位移超越荷载基本一致。

3.3.5 节点破坏形态分析

为了对结构破坏机理从宏观上进行整体判断，进一步对伸臂桁架各部分的应变分布进行讨论，首先从各杆件的内力传递路径进行分析。图 3.16 给出了节点试件在加载过程中的内力传递路径。可见伸臂桁架弦杆以及腹杆的荷载通过剪力墙内暗柱连接节点向剪力墙传递，由于伸入剪力墙部分钢桁架没有设置斜腹杆，剪力墙在加载过程中斜向受压，表现出腹杆的作用。结合 3.3.1 节试件的试验现象，试件的破坏位置均在伸臂桁架与剪力墙内暗柱相连处。因此，该部位是伸臂桁架的内力向剪力墙传递的关键位置，在节点设计过程中应进行加强，伸入剪力墙的钢桁架设置斜腹杆可有效降低剪力墙的损伤。

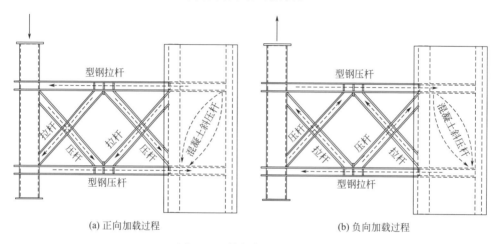

(a) 正向加载过程　　　　　　　　　　　　(b) 负向加载过程

图 3.16　节点内力传递路径

伸臂桁架与剪力墙连接节点，其剪力墙角部混凝土首先开裂。由于伸臂桁架在地震动作用下变形较大，节点外缘混凝土损伤是不可避免的，但其损伤对于节点整体强度、刚度及延性影响较小，根据试验现象可以证明这一结论。伸入墙体内的钢桁架部分是整体节点强度、刚度及延性的关键部分，特别是剪力墙角部与伸臂桁架相连的型钢柱，可以有效阻止节点损伤后刚度的退化。当墙内钢结构部分未出现大的损伤或变形时，与伸臂桁架相连墙肢的长度对节点强度、刚度影响较小。此外从破坏的严重程度在剪力墙竖向分布上看，剪力墙损伤最严重的部位为与伸臂桁架连接处，即刚度突变部位。

结合试验现象及破坏特征，伸臂桁架与剪力墙的破坏位置为刚度突变部位，而从理论分析来看，伸臂桁架与剪力墙的连接处存在刚度变化较大的现象亦较为明显。因此，合理地加强暗柱与伸臂桁架连接节点以及合理地对伸臂桁架与剪力墙的刚度进行平稳过渡对提高节点延性尤为重要。

3.3.6 节点破坏特征

四组节点试件的滞回曲线如图 3.17 所示，根据试验过程中节点变形的发展过程以及滞回曲线的变化特征，试验中四组节点的破坏过程均可分为三个阶段：第一阶段，剪力墙与伸臂桁架共同受力阶段（AA'），即伸臂桁架与暗柱外侧的混凝土墙体共同受力，在达到峰值荷载 A（A'）点之前，随着加载位移的增加，剪力墙不断产生新的裂缝，节点承载力随着加载位移的增加持续增加，达到峰值荷载 A（A'）点时，伸臂桁架与剪力墙连接处大量混凝土被压碎，混凝土保护层鼓起。此阶段节点虽然有损伤但从节点整体分析仍处于弹性阶段。第二阶段，伸臂桁架-暗柱组成的桁架体系受力阶段（AB、$A'B'$），即在此过程中，剪力墙基本不会有新裂缝产生，伸臂桁架与剪力墙连接处混凝土由于被压碎而退出工作，混凝土保护层脱落，剪力墙内箍筋和暗柱暴露出来，刚度及承载能力随着变形的增加有所下降，但未出现卸载现象，此阶段为塑形耗能阶段。第三阶段，桁架体系破坏阶段（BC、$B'C'$），伸臂桁架与暗柱连接处发生鼓曲，随着加载位移

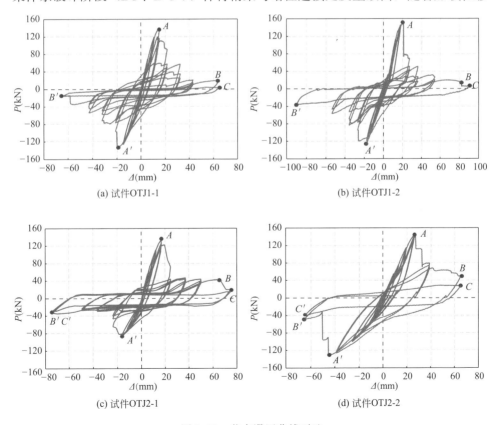

(a) 试件OTJ1-1

(b) 试件OTJ1-2

(c) 试件OTJ2-1

(d) 试件OTJ2-2

图 3.17 节点滞回曲线对比

的增大，刚度及承载能力下降明显，伸臂桁架与暗柱连接处发生断裂，此阶段为节点破坏阶段。

通过对比四组节点试件的试验现象和滞回曲线，四组节点的破坏过程较为相似，均可以用上述所总结的三个阶段进行概括，墙肢长度对节点的破坏形态基本一致，四组节点的破坏位置均在伸臂桁架与剪力墙内暗柱连接处，但剪力墙在加载过程中除保护层脱落外墙体有明显的裂缝，但整体上混凝土并未发生大的压溃现象。但伸入剪力墙内的型钢柱发生了较大的变形，表明节点在损伤后会导致伸臂桁架在连接节点处产生较大转角，伸臂桁架杆件并未出现较大损伤。由此整体结构应变耗能发生转移，伸臂桁架及框架柱成为结构塑性应变耗能的关键部位。但剪力墙混凝土没有发生大面积压溃，筒体剪力墙可以继续承受竖向荷载，保证了结构的整体安全，说明此类节点做法抗震性能良好。

3.4 试验结果分析

3.4.1 试件荷载-位移骨架曲线

图 3.18 给出了不同试件的荷载-位移骨架曲线，骨架曲线通过连接各次循环加载的峰值点确定。

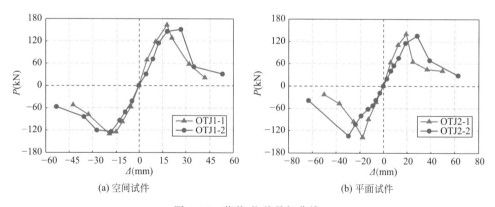

(a) 空间试件　　　　　　　　　　　(b) 平面试件

图 3.18　荷载-位移骨架曲线

由图 3.18 可见，四组节点的荷载-位移骨架曲线均呈 S 形，表明试件在往复荷载作用下经历了弹性、弹塑性和极限破坏三个阶段。骨架曲线在达到峰值荷载后，荷载出现了较为明显的下降，是伸臂桁架与剪力墙交界处混凝土被压碎导致的。试件 OTJ1-1 和 OTJ1-2 构造完全相同，唯一区别在于试件 OTJ1-1 进行往复加载的伸臂桁架与长肢剪力墙相连，试件 OTJ1-2 进行往复加载的伸臂桁架与短肢剪力墙相连。正向加载时试件 OTJ1-1 的最大荷载值比试件 OTJ1-2 增加 4.8%，负向加载时试件 OTJ1-1 的最大荷载值比试件 OTJ1-2 增加 6.4%。同样对节点 OTJ2-1 和 OTJ2-2 的最大荷载值进行对比，正向加载时试件 OTJ2-1 的最大荷载值比试件 OTJ2-2 增加 0.2%，负向加载时试件 OTJ2-1 的最大荷载值比试件 OTJ2-2 增加 2.7%。由此可以得出与前述相同的结论，在一定范围内剪力墙肢长度对伸臂桁架承载力的影响较小。原因在于试件的破坏位置在伸臂桁架与暗柱连接处，该位置为伸臂桁架与剪力墙刚度突变的部位，此时核心筒角部剪力墙内型钢柱是保证节点强度、刚度的关键。

3.4.2　试件承载力和强度退化规律

按照图解法计算试件的屈服荷载 P_y 和屈服位移 Δ_y，计算方法如图 3.19 所示，E 点对应的坐标即为试件的屈服荷载 P_y 和屈服位移 Δ_y，峰值荷载 P_{max} 和峰值位移 Δ_{max} 分别为试件荷载最大值以及荷载最大值所对应的位移[132]。依据上述方法确定的各试件的特征荷载及位移如表 3.3 所示。

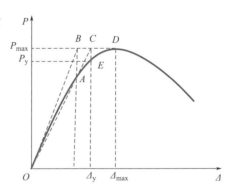

图 3.19　图解法确定屈服荷载和屈服位移

特征荷载及位移　　　　　　　　　表 3.3

试件编号	加载方向	屈服状态		峰值状态	
		P_y(kN)	Δ_y(mm)	P_{max}(kN)	Δ_{max}(mm)
OTJ1-1	正向	158.9	14.7	162.7	17.9
	负向	123.8	15.5	130.4	19.1
OTJ1-2	正向	148.3	22.5	151.0	27.0
	负向	118.7	16.9	124.4	18.0
OTJ2-1	正向	136.3	16.7	139.9	19.3
	负向	114.5	14.5	138.7	17.4
OTJ2-2	正向	130.0	26.8	135.1	28.5
	负向	119.8	27.5	135.0	29.4

强度退化是指在位移幅值不变的条件下，构件承载力随往复加载次数的增加而降低的特性[133]，利用强度退化系数（λ_j）可以反映试件在相同加载幅值下的强度退化情况。λ_j 可用同一级加载幅值下的第二次峰值荷载与第一次峰值荷载

的比值表示，如式（3.1）所示：

$$\lambda_j = \frac{P_j^i}{P_j^1} \tag{3.1}$$

式中　P_j^i——加载位移级别为 j 时第 i 次加载的峰值荷载；

　　　P_j^1——加载位移级别为 j 时第一次加载的峰值荷载。

图 3.20 为试件的强度退化系数（λ_j）随加载位移（Δ）的变化情况，可见四组试件的 λ_j 基本小于 1，表明试件在每一级的加载过程中存在强度退化现象，但从整个加载过程来看，四组试件的 λ_j 处于一种不断波动的状态，表明在每一级的加载过程中强度退化的幅度有一定的不确定性。

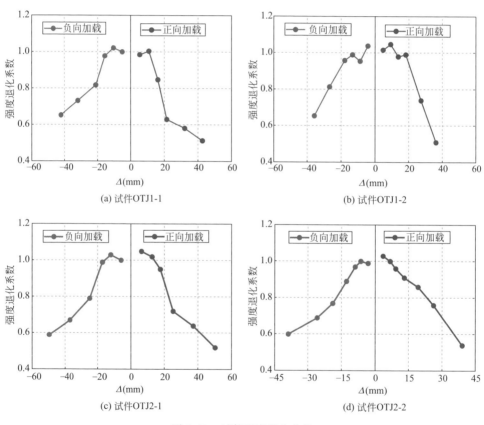

图 3.20　试件强度退化曲线

3.4.3　节点模型与原型结构承载力对比

节点模型与原型结构的荷载对应关系按照相似理论确定。模型缩尺比例 $K_l =$

1/10，则对应几何相似比为 K_l，对应面积相似比为 K_l^2，对应质量相似比为 K_l^3。模型荷载相似要求模型与原型对应部位所有荷载作用方向相同且大小呈比例，柱顶集中荷载可用应力与面积的乘积表示，所以集中荷载相似常数可以表示为：

$$K_l = K_l^2 K_\sigma \qquad (3.2)$$

式中　K_σ——应力相似常数。如果模型结构的应力与原型结构应力相同，即
$K_\sigma = 1$。

则由上式可以得到集中荷载相似常数：

$$K_F = K_l^2 \qquad (3.3)$$

可见引入应力相似常数后，荷载的相似常数可用几何相似常数表示。将原型结构各工况作用下的设计内力最大值根据相似理论按比例减小与缩尺模型伸臂桁架内力进行对比，抗震性能设计目标为中震弹性、大震不屈服。节点在多遇地震、设防地震下结构处于弹性状态，罕遇地震作用下节点不屈服。节点模型的弹性状态对应的荷载值取屈服状态所对应荷载值的 60%[140]。原型结构与节点模型 OTJ1-1、OTJ1-2、OTJ2-1、OTJ2-2 轴力对比结果分别如表 3.4～表 3.7 所示，可见在多遇地震、设防地震、罕遇地震下均能满足抗震性能目标设计要求。

OTJ1-1 对应原型结构抗震性能试验伸臂桁架轴力对比　　　　表 3.4

抗震性能	峰值加载方向	原型结构加载值(kN)	试验值		
			荷载(kN)	位移(mm)	加载限值
多遇地震	正向	24.5	95.34	8.1	$0.6P_y$
设防地震	正向	50.1	95.34	8.1	$0.6P_y$
罕遇地震	正向	118.0	158.9	14.7	P_y

OTJ1-2 对应原型结构抗震性能试验伸臂桁架轴力对比　　　　表 3.5

抗震性能	峰值加载方向	原型结构加载值(kN)	试验值		
			荷载(kN)	位移(mm)	加载限值
多遇地震	正向	26.6	89.0	10.5	$0.6P_y$
设防地震	正向	52.5	89.0	10.5	$0.6P_y$
罕遇地震	正向	109.8	148.3	22.5	P_y

OTJ2-1 对应原型结构抗震性能试验伸臂桁架轴力对比　　　表 3.6

抗震性能	峰值加载方向	原型结构加载值(kN)	试验值		
			荷载(kN)	位移(mm)	加载限值
多遇地震	正向	24.5	81.8	8.4	$0.6P_y$
设防地震	正向	50.1	81.8	8.4	$0.6P_y$
罕遇地震	正向	118.0	136.3	16.7	P_y

OTJ2-2 对应原型结构抗震性能试验伸臂桁架轴力对比　　　表 3.7

抗震性能	峰值加载方向	原型结构加载值(kN)	试验值		
			荷载(kN)	位移(mm)	加载限值
多遇地震	正向	26.6	78.0	13.4	$0.6P_y$
设防地震	正向	52.5	78.0	13.4	$0.6P_y$
罕遇地震	正向	109.8	130.0	26.8	P_y

3.4.4　刚度退化规律

根据试验方案，本书采用环线刚度（K_j）随相同位移幅值下的变化规律来分析节点试件的刚度退化情况。K_j 定义如下：

$$K_j = \frac{\sum_{i=1}^{n} P_j^i}{\sum_{i=1}^{n} u_j^i} \tag{3.4}$$

式中　　K_j——环线刚度，单位为"kN/m"；

　　　　P_j^i——加载位移级别为 j（$j = \Delta/\Delta_y$）时，第 i 次加载循环的峰值点荷载值，如图 3.21 所示；

　　　　u_j^i——加载位移级别为 j 时，第 i 次加载循环的峰值点变形值；

　　　　n——循环次数。

图 3.22 为四组试件的环线刚度（K_j）随加载位移（Δ）的变化情况，两组试件在加载过程中刚度逐渐退化，受压加载和受拉加载过程中试件的刚度退化曲线基本呈"八"字形对称分布，表明试件受拉过程和受压过程刚度退化程度相似，退化速率相差不大。当节点超越弹性阶段后，整体刚度退化速率较快，刚度退化幅值较大，这在工程实践中需要引起足够的重视。

3.4.5　位移延性系数

节点试件的延性是评价其抗震性能的重要指标之一，根据不同的定义方式，延性系数可分为曲率延性系数、位移延性系数和转角延性系数，本书采用位移延

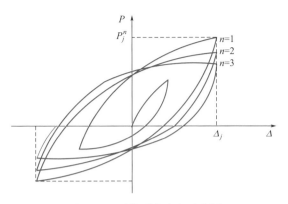

图 3.21 环线刚度定义示意图

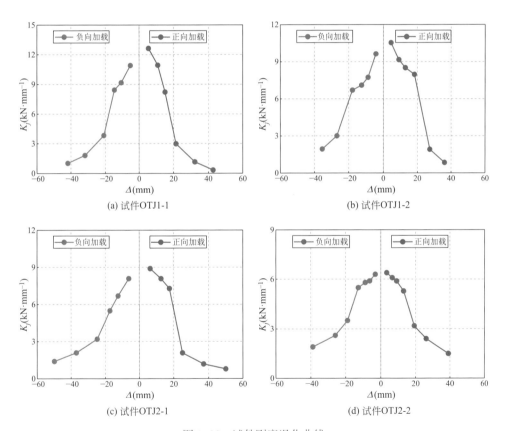

(a) 试件OTJ1-1

(b) 试件OTJ1-2

(c) 试件OTJ2-1

(d) 试件OTJ2-2

图 3.22 试件刚度退化曲线

性系数（μ）来评价节点的延性特点，位移延性系数定义如式（3.5）所示：

$$\mu = \frac{\Delta_u}{\Delta_y} \tag{3.5}$$

式中 Δ_u——极限位移；

$\quad\quad$ Δ_y——屈服位移，屈服位移在 3.4.2 节通过图解法计算得到。

位移延性系数越大，表明试件的延性越好，试件在屈服后通过变形耗能更多，表3.8为各试件位移延性系数，可见四组节点正负向加载相对于同类节点具有较好的延性系数。但也不难看出本书节点极限位移相对屈服位移差值较小，这就需要对此类节点在工程实践中采用节点超强的做法，即用强度换延性。特别是构造上采取防止混凝土压溃的做法或对此部分混凝土采用高延性混凝土，可有效提高此类节点的承载力及延性。

试件位移延性系数　　　　　　　　　　表 3.8

编号	加载方向	屈服位移 Δ_y(mm)	极限位移 Δ_u(mm)	位移延性系数 Δ_u/Δ_y
OTJ1-1	正向	14.7	63.8	4.34
	负向	15.5	62.1	4.00
OTJ1-2	正向	22.5	53.7	2.39
	负向	16.9	52.5	3.11
OTJ2-1	正向	16.7	74.4	4.46
	负向	14.5	74.1	5.11
OTJ2-2	正向	26.8	64.7	2.41
	负向	27.5	63.8	2.32

3.4.6　节点耗能能力

节点的耗能能力是衡量其抗震性能的重要指标之一，荷载-位移曲线形成的滞回环越饱满，包络面积越大，耗能越多，节点所能抵抗的地震作用越大。试件的耗能能力可以通过功比系数、能量耗散系数、能量系数、等效黏滞阻尼系数等衡量。由于等效黏滞阻尼系数与现行行业标准《建筑抗震试验规程》JGJ/T 101[131] 中的耗能系数相似，本书采用等效黏滞阻尼系数（h_e）对节点的耗能能力进行评估。等效黏滞阻尼系数（h_e）的定义如式（3.6）所示：

$$h_e = \frac{E_d}{2\pi} \quad\quad\quad\quad (3.6)$$

式中 E_d——能量耗散系数，为一个滞回环的总能量与弹性能的比值，如式（3.7）所示：

$$E_d = \frac{S_{ABC} + S_{CDA}}{S_{OBE} + S_{ODF}} \tag{3.7}$$

式中，$S_{ABC} + S_{CDA}$ 为节点在一个滞回环下包络的面积，$S_{OBE} + S_{ODF}$ 为弹性应变能，其示意图如图 3.23 所示。

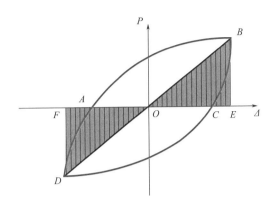

图 3.23　等效黏滞阻尼系数计算方法

图 3.24 为四组节点的等效黏滞阻尼系数-循环数曲线，由图可知，节点 OTJ1-1 在达到峰值荷载时的等效黏滞阻尼系数在 0.18～0.54 之间，等效黏滞阻尼系数平均值为 0.41，节点 OTJ1-2 在达到峰值荷载时的等效黏滞阻尼系数在 0.1～0.62 之间，等效黏滞阻尼系数平均值为 0.33，节点 OTJ2-1 在达到峰值荷载时的等效黏滞阻尼系数在 0.14～0.16 之间，等效黏滞阻尼系数平均值为 0.43，节点 OTJ2-2 在达到峰值荷载时的等效黏滞阻尼系数在 0.17～0.49之间，等效黏滞阻尼系数平均值为 0.37。而一般钢筋混凝土节点的等效黏滞阻尼系数为 0.1 左右，型钢混凝土节点的等效黏滞阻尼系数为 0.3 左右[134]，由于文献中节点的加载工况与本书节点加载工况不同，目前未查找到同类试验的参考数据。因此借用该耗能能力评价指标，单纯对比等效黏滞阻尼系数这个无量纲参数，可见本书所研究的节点与一般型钢混凝土节点相比具有较好的耗能性能。

通过节点加载端荷载-位移滞回关系曲线，对试件的每半周耗散能量、半周累计耗散能量进行计算，计算时半周取连续两个零荷载点之间的滞回环[135]。试件的耗能（E）-半周数（n）曲线、累计耗能（E_t）-半周数（n）曲线如图 3.25 和图 3.26 所示。

由图 3.25 和图 3.26 可见，节点在剪力墙与伸臂桁架共同受力阶段耗能较小。随着加载位移增大，表面混凝土开裂，节点进入伸臂桁架-暗柱组成的桁架

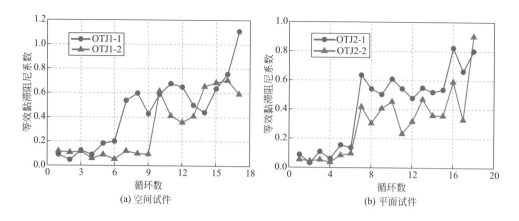

(a) 空间试件　　　　　　　　　　(b) 平面试件

图 3.24　黏滞阻尼系数-循环数曲线

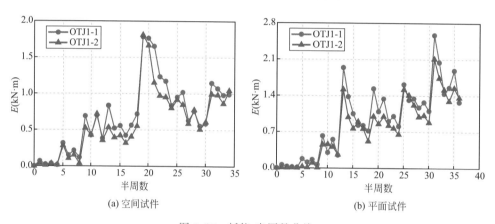

(a) 空间试件　　　　　　　　　　(b) 平面试件

图 3.25　耗能-半周数曲线

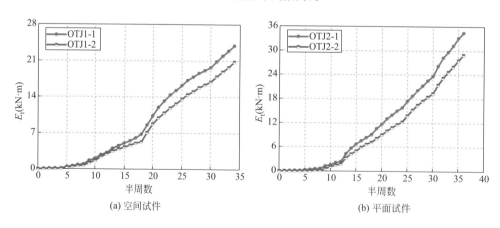

(a) 空间试件　　　　　　　　　　(b) 平面试件

图 3.26　累计耗能-半周数曲线

体系受力阶段，耗能能力逐渐提高，四组节点最大滞回耗能区间均出现在该阶段，节点 OTJ1-1 在该阶段的耗能占节点总耗能的 88.7%，节点 OTJ1-2 在该阶段的耗能占节点总耗能的 74.6%，节点 OTJ2-1 在该阶段的耗能占节点总耗能的 84.2%，节点 OTJ2-2 在该阶段的耗能占节点总耗能的 68.3%。结合上文中的试验现象，表明节点的耗能行为主要发生在伸臂桁架与剪力墙连接处混凝土受压损伤后，通过伸臂桁架与剪力墙内暗柱组成的桁架进行。

3.5　有限元模型的建立及验证

试验研究虽然可以对节点的抗震性能进行最为直接的判断，但在试验过程中所能观测的数据有限，而且无法满足参数分析的要求。因此本节将利用有限元软件 Abaqus 建立节点在往复荷载作用下的计算模型，通过试验中节点的滞回关系曲线、节点破坏特征对有限元模型的合理性进行验证。

3.5.1　本构模型选取

钢材在往复荷载作用下通常选取双折线随动强化模型，我国《抗震规范》中对钢材也推荐采用此本构模型。该模型中钢材的强度在进入塑性阶段后继续强化，其应力-应变关系示意图如图 3.27（a）所示。

但根据上述对节点滞回曲线及破坏特征的分析发现，随着节点加载位移的增加，首先节点处于弹性阶段。当节点变形突破节点首次最大变形后，节点进入滞回耗能阶段及塑性阶段。此阶段在经历往复加载的过程中，滞回曲线在顶点位置会发生跃迁，这就与双折线随动强化模型产生较大差异。滞回曲线的每次跃迁为节点屈服极限的变化。根据前述结论，在滞回耗能阶段，节点的刚度及强度主要依赖伸臂桁架伸入剪力墙部分钢结构的变形，由此根据节点的应力-应变关系发现其受力过程与文献 [136，137] 中所研究的试件较为相似，文献中钢材本构在塑性阶段考虑采用基于滞回耗能屈服强度退化的材料本构，其本构模型如图 3.27（b）所示。

图 3.27（b）中第 i 次循环加载时钢材的屈服强度 f_{yi} 按照公式（3.8）进行计算。公式（3.8）和公式（3.9）中 $E_{\text{eff},i}$ 为加载至第 i 级循环的有效累积滞回耗能，E_i 为第 i 级循环的滞回耗能，ε_f 为单调加载下达到破坏时钢材的应变，α 为钢材屈服后刚度系数，c 为由试验确定的系数。通过式（3.9）可以看出，某一加载循环下的有效累积耗能受该级循环下的滞回耗能和加载位移的共同影响，意味着累积耗能相等时，加载位移越大，承载力退化程度越严重。

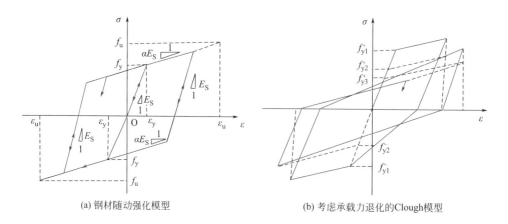

(a) 钢材随动强化模型   (b) 考虑承载力退化的Clough模型

图 3.27 　钢材本构模型示意图

$$f_{yi} = f_{y1}\left(1 - \frac{E_{\mathrm{eff},i}}{3f_{y1}\varepsilon_{\mathrm{f}}(1-\alpha)}\right) \geqslant cf_{y1} \tag{3.8}$$

$$E_{\mathrm{eff},i} = \sum\left[E_i \cdot \left(\frac{\varepsilon_i}{\varepsilon_{\mathrm{f}}}\right)^2\right] \tag{3.9}$$

需要注意的是，在数值模拟分析中，Abaqus 软件的本构库中并没有考虑钢材承载力下降的本构模型，因此本书利用 UMAT 子程序定义该本构模型，通过Abaqus 软件子程序接口实现自定义本构模型和求解器之间的数据交换。

选取不同的钢材本构进行数值模拟分析，挑选出适合伸臂桁架连接节点的材料本构。以节点 OTJ2-1 为例采用双折线随动强化模型与考虑承载力退化的本构模型对比，图 3.28 为两种本构模型下利用 Abaqus 计算得到的滞回关系曲线与试验结果的对比。可见两种本构模型对峰值荷载前的计算结果与试验结果均较为接近，但在峰值荷载之后，采用随动强化模型的计算结果出现了承载力下降，与试验结果相比误差较大，其下降过程主要与混凝土的塑性损伤模型有关。而采用考虑钢材承载力退化的本构模型时，峰值荷载后的计算结果仍与试验较为接近，通过数值模拟分析发现，式（3.8）中的 α 和 c 取 2.75 和 0.32 时，在模拟过程中可取得较好的计算结果。

混凝土由于微裂缝和微孔洞的存在，其破坏过程则为微裂缝和微孔洞的发展和累积，混凝土各组成材料在没有发生屈服或塑性流动前其整体就已经完全破坏，因此经典意义的"塑性变形"理论无法准确描述混凝土材料的本构模型。但各国学者通过损伤力学，引入损伤变量来描述混凝土材料的劣化过程，使得混凝土仍可作为连续介质材料进行处理。目前较为典型的混凝土损伤模型有各向同性弹性损伤模型、各向异性弹性损伤模型、弹塑性损伤模型和随机损伤模型等。有

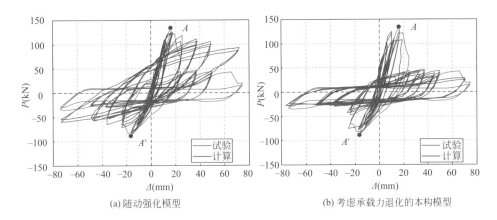

(a) 随动强化模型　　　　　　　　　(b) 考虑承载力退化的本构模型

图 3.28　不同钢材本构下节点 OTJ2-1 的滞回关系曲线

限元分析软件 Abaqus 中所提供的塑性损伤模型（Concrete Damaged Plasticity Model）用各向同性弹性损伤结合各向同性受拉和受压塑性来替代混凝土的非弹性行为，可以较好地反映混凝土材料在循环荷载作用下的刚度退化和刚度恢复等特性。

往复荷载作用下混凝土塑性损伤应力-应变关系示意图如图 3.29 所示。图中 σ_{c0} 为混凝土的弹性最大受压应力，σ_{t0} 为混凝土的弹性最大受拉应力，σ_{cu} 为混凝土的最大受压应力，d_c 为混凝土的受压损伤因子，d_t 为混凝土的受拉损伤因子，ω_c 为混凝土受压刚度恢复因子，ω_t 为混凝土受拉刚度恢复因子。ω_c 和 ω_t 用来描述混凝土裂缝闭合前后的行为，可以在 $0\sim1$ 之间取值，Abaqus 软件中 ω_c 的默认取值为 1，表示受拉开裂后的混凝土再次受压时受压刚度完全恢复，ω_t 的默认取值为 0，意味着混凝土受压开裂后再次受拉时刚度不会恢复，E_c 为混凝土初始弹性模量。

本书采用与现行国家标准《混凝土结构设计规范》GB 50010[138] 相一致的 Mander 混凝土卸载和再加载准则，其混凝土受压卸载路径如图 3.30 所示[139]。图中混凝土真实的卸载路径为曲线，E_{un} 为曲线卸载路径的切线模量，在计算时取卸载割线模量 E_{sec2}，可按式（3.10）进行计算。可将卸载路径简化为直线进行计算。$(\varepsilon_{un}, \sigma_{un})$ 为反向卸载点，ε_a 为混凝土初始受压弹性模量与卸载割线模量交点对应的应变，ε_a 计算方法如式（3.11）所示。ε_{pl} 为反向卸载至应力为 0 时混凝土的塑性应变，计算方法如式（3.13）所示。

$$E_{sec2} = \frac{\sigma_{un}}{\varepsilon_{un} - \varepsilon_{pl}} \tag{3.10}$$

$$\varepsilon_a = a\sqrt{\varepsilon_{un}\varepsilon_c} \tag{3.11}$$

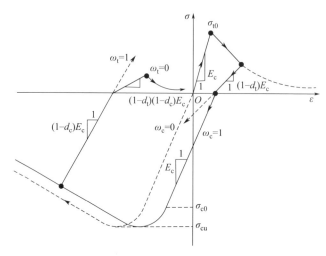

图 3.29　往复荷载作用下混凝土塑性损伤应力-应变关系示意图

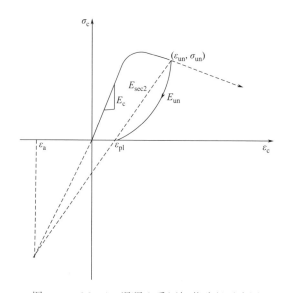

图 3.30　Mander 混凝土受压卸载路径示意图

$$a = \max\left(\frac{\varepsilon_c}{\varepsilon_c + \varepsilon_{un}}, \ \frac{0.09\varepsilon_{un}}{\varepsilon_c}\right) \qquad (3.12)$$

$$\varepsilon_{pl} = \varepsilon_{un} - \frac{(\varepsilon_{un} + \varepsilon_a)\sigma_{un}}{\sigma_{un} + E_c\sigma_a} \qquad (3.13)$$

式中　E_c——混凝土的初始弹性模量；

　　　ε_c——混凝土峰值压应力对应的应变。

根据 Mander 混凝土受压加、卸载准则，确定单轴受压情况下混凝土的塑性损伤因子根据公式（3.14）进行计算：

$$d_c = 1 - \frac{E_{sec2}}{E_c} \tag{3.14}$$

节点模型中的混凝土主要包括两部分，一部分为钢管混凝土柱中的混凝土，另外一部分为剪力墙中的混凝土。混凝土塑性损伤模型中的应力-应变关系根据两部分混凝土的不同受力特点进行计算。对钢管混凝土柱中的混凝土受压时的应力-应变关系，考虑外钢管对核心混凝土约束效应的影响，采用韩林海[140] 提出的计算方法，如式（3.15）所示，该计算方法通过引入约束效应系数 ξ 来反映钢管混凝土中外钢管和核心混凝土之间的组合效应。

$$y = 2x - x^2 \quad (x \leqslant 1) \tag{3.15a}$$

$$y = \begin{cases} 1 + q(x^{0.1\xi} - 1) & (\xi \geqslant 1.12) \\ \dfrac{x}{\beta(x-1)^2 + x} & (\xi < 1.12) \end{cases} \quad (x > 1) \tag{3.15b}$$

式中，

$$x = \frac{\varepsilon}{\varepsilon_o}, \quad y = \frac{\sigma}{\sigma_o}$$

$$\sigma_o = \left[1 + (-0.054 \cdot \xi^2 + 0.4 \cdot \xi) \cdot \left(\frac{24}{f'_c} \right)^{0.45} \right] \cdot f'_c$$

$$\varepsilon_{cc} = 1300 + 12.5 \cdot f'_c (\mu\varepsilon)$$

$$\varepsilon_o = \varepsilon_{cc} + \left[1400 + 800 \cdot \left(\frac{f'_c}{24} - 1 \right) \right] \cdot \xi^{0.2} (\mu\varepsilon)$$

$$q = \frac{\xi^{0.745}}{2 + \xi}$$

$$\beta = (2.36 \times 10^{-5})^{[0.25 + (\xi - 0.5)^7]} \cdot f'^2_c \cdot 3.51 \times 10^{-4}$$

其中 f'_c 为混凝土圆柱体轴心抗压强度。

对于剪力墙中的混凝土，受压应力-应变关系采用现行国家标准《混凝土结构设计规范》GB 50010 中推荐的计算方法，其表达式如式（3.16）所示。

$$y = \begin{cases} a_a x + (3 - 2a_a)x^2 + (a_a - 2)x^3 & (x \leqslant 1) \\ \dfrac{x}{a_d(x-1)^2 + x} & (x > 1) \end{cases} \tag{3.16}$$

式中，$x = \varepsilon / \varepsilon_{c0}$，$y = \sigma / \sigma_{c0}$，$\sigma_{c0}$ 和 ε_{c0} 分别为混凝土抗压强度和对应的应变；a_a 和 a_d 为单轴受压应力-应变曲线上升段、下降段参数，根据现行国家标准《混凝

土结构设计规范》GB 50010 选用。

钢管混凝土柱和剪力墙中混凝土受拉时的应力-应变关系，均采用现行国家标准《混凝土结构设计规范》GB 50010 中推荐的计算方法，其表达式如式（3.17）所示。

$$y = \begin{cases} 1.2x - 0.2x^6 & (x \leqslant 1) \\ \dfrac{x}{a_t(x-1)^{1.7} + x} & (x > 1) \end{cases} \tag{3.17}$$

式中，$x = \varepsilon/\varepsilon_{t0}$，$y = \sigma/\sigma_{t0}$，$\sigma_{t0}$ 和 ε_{t0} 分别为混凝土抗拉强度和对应的应变；a_t 为单轴受拉应力-应变曲线下降段参数，根据现行国家标准《混凝土结构设计规范》GB 50010 选用。

3.5.2 边界条件、单元选取及网格划分

平面节点和空间节点简化的边界条件与网格划分如图 3.31 所示。考虑试验过程中电液伺服作动器与节点的连接构造，有限元分析时在进行往复加载的柱端设置参考点，将参考点与钢管混凝土柱端板进行耦合约束，在参考点上（U_3 方向）施加往复荷载，同时约束节点平面外的位移（U_2 方向），将地梁与剪力墙底部的连接简化为固定约束。对于空间节点，施加往复荷载的柱端与平面节点一致，剪力墙底部同样简化为固定约束，对于另外一边的钢管混凝土柱，其底部为固定约束，在其上部通过建立耦合点在柱端施加集中荷载。

在模型建立过程中，混凝土采用八节点减缩积分格式的三维实体单元（C3D8R），考虑有限元建模过程中钢管混凝土柱与外环板的连接以及钢管混凝土柱中钢管与混凝土的接触，钢管混凝土柱中外钢管采用三维实体建模较为简便，因此外钢管同样采用八节点减缩积分格式的三维实体单元（C3D8R）。对于节点中的其他型钢构件，均采用四节点减缩积分格式的三维壳单元（S4R），剪力墙内的纵向钢筋以及箍筋均采用桁架单元（T3D2），节点的网格密度首先根据经验进行划分，然后对比试验结果与有限元结果的差异再对网格密度进行调整。节点网格均采用结构化网格进行划分，可以得到较为规则的四边形单元。

3.5.3 界面接触属性

由于节点构造较为复杂，因此有限元模型建立过程中所涉及的界面接触较多，主要存在钢管混凝土柱中外钢管与混凝土的连接、钢管混凝土柱与伸臂桁架的连接、伸臂桁架各部分之间的连接、伸臂桁架与剪力墙混凝土的连接、伸臂桁架与剪力墙内暗柱的连接、剪力墙内暗柱和暗梁与剪力墙混凝土的连接，剪力墙

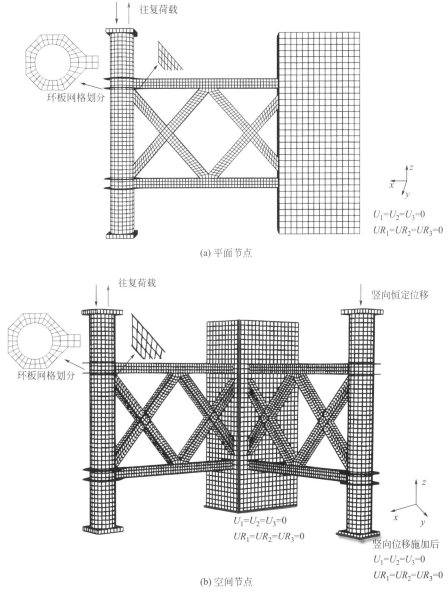

图 3.31　节点边界条件及网格划分

内钢筋与剪力墙混凝土的连接等。但主要可将上述界面之间的接触分为两类，即同类材料之间的连接（钢材与钢材）和两种不同材料之间的连接（钢材与混凝土）。考虑到节点在加工过程中钢材与钢材之间通过焊接连接，故有限元模型中对于钢管混凝土柱与伸臂桁架的连接、伸臂桁架各部分之间的连接、伸臂桁架与剪力墙内暗柱的连接均采用 Tie 绑定。

对于钢管混凝土柱中外钢管与混凝土的接触关系通过面面接触（Surface-To-Surface Contact）进行定义，其接触属性主要包括法向行为和切向行为。钢管与混凝土的法向接触定义为硬接触，即钢管与混凝土界面之间不会穿透，垂直于界面法线方向的接触压力可完全传递。钢管与混凝土的切向行为通过库仑摩擦准则进行定义，摩擦系数取韩林海[140] 建议的 0.6。剪力墙内钢筋与混凝土的连接以及伸臂桁架与混凝土相接触的部分，采用将钢筋（桁架单元）或伸臂桁架（壳单元）嵌入（Embedded）混凝土的方式。

3.5.4　有限元模型验证

为验证有限元模型建立过程中所选择的材料本构关系、接触属性以及边界条件的准确性，通过本章进行的四组节点的试验结果对有限元模型进行验证，验证内容主要包括柱顶荷载（P）-位移（Δ）滞回关系曲线以及节点的破坏形态。

（1）滞回曲线

图 3.32 给出了四组试件的柱顶荷载（P）-位移（Δ）滞回关系曲线的试验结果与计算结果的对比。

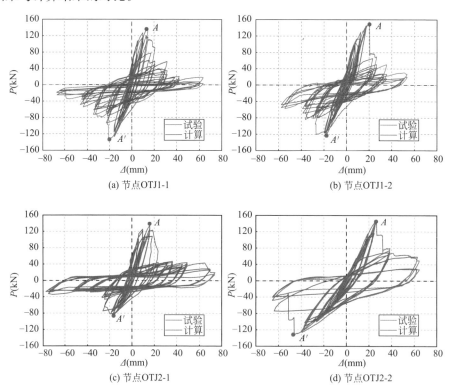

(a) 节点OTJ1-1　　　　　　　　(b) 节点OTJ1-2

(c) 节点OTJ2-1　　　　　　　　(d) 节点OTJ2-2

图 3.32　节点滞回曲线试验与计算结果对比

由图 3.32 可见，有限元计算结果与试验结果变化趋势一致，有限元模型可以较好地反映该类节点在低周往复荷载作用下的受力性能。通过对数值模拟结果与试验结果的对比分析，四组节点的有限元计算结果均略低于试验结果，且刚度均高于试验结果，主要是受到材料性能的影响。其次，试验结果中滞回曲线存在柱顶荷载突然快速下降的过程，此过程主要是伸臂桁架与剪力墙连接处混凝土被压碎导致的，而有限元计算过程中无法对此过程进行较好的模拟，原因在于混凝土塑性损伤模型无法对此类瞬态的混凝土破坏现象进行描述。

（2）节点的破坏形态

图 3.33 给出了四组节点在不同加载位置阶段试验和数值模拟的破坏形态对比，即节点变形形态。

通过图 3.33 可以看出，数值模拟节点钢结构部分的等效塑性应变（PEEQ）与试验结果吻合度较好。模拟结果中四组节点在伸臂桁架与剪力墙内暗柱连接处发生了较大的鼓曲变形，且等效塑性应变均大于 0，即该位置钢材发生屈服，与试验现象相同，有效地验证了数值模拟的有效性。

(a) 节点OTJ1-1正向加载至第六级最大位移处变形

(b) 节点OTJ1-2负向加载至第六级最大位移处变形

图 3.33　节点试验与计算变形对比（一）

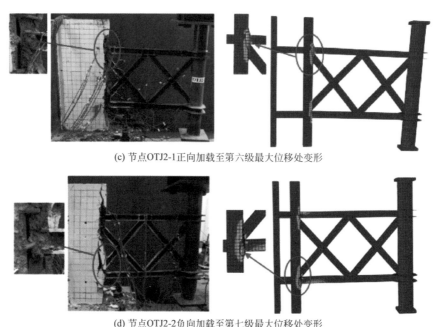

(c) 节点OTJ2-1正向加载至第六级最大位移处变形

(d) 节点OTJ2-2负向加载至第七级最大位移处变形

图 3.33　节点试验与计算变形对比（二）

3.6　小结

本章主要进行了伸臂桁架与核心筒剪力墙连接节点的低周往复加载试验，对节点的滞回曲线、骨架曲线、应变分布、破坏形态、承载力退化、强度退化、刚度退化、延性以及耗能能力进行了分析，按照相似理论将原型结构的内力进行了折减，将节点模型与原型结构在多遇地震、设防地震和罕遇地震作用下对应的内力进行了对比，对节点对应的实体结构连接节点抗震性能进行了评价。其次，在节点破坏形态和破坏特征分析的基础上，通过选取合理的材料本构关系，利用有限元软件 Abaqus 建立了节点在低周往复荷载作用下的有限元分析模型，并通过节点的滞回曲线和变形特征对有限元模型的准确性进行了验证。主要得到以下结论：

（1）将试验的两组四个节点分为空间及平面对照组，节点的破坏过程近似，说明伸臂桁架与剪力墙连接节点试验结果稳定。空间试件与平面试件相比，考虑双向作用耦合效应时，节点整体耗能能力下降，但两组试件首次位移超越荷载基本一致。连接节点对应的墙肢长度对节点的峰值承载力影响较小。节点整体强度、刚度及延性较好，可以满足背景工程在不同设防烈度下的地震作用。虽然本书中节点正负加载相较于同类节点具有较好的延性系数，但节点极限位移相对屈服位移差值不大，这就需要对此类节点在工程实践中采用节点超强的做法，即用强度换延性。特别是构造上采取防止混凝土压溃的做法或对此部分混凝土采用高延性混凝土，可有效提高此类节点的承载力及延性。当节点超越弹性阶段后，整体刚度退化速率较快，刚度退化幅值较大，这在工程实践中需要引起足够的重视。

（2）伸臂桁架与剪力墙连接节点，其剪力墙角部混凝土首先开裂。由于伸臂桁架在地震动作用下变形较大，节点外缘混凝土损伤是不可避免的，但其损伤对于节点整体强度、刚度及延性影响较小，根据试验现象可以证明这一结论。但节点整体是否屈服取决于首次超越位移。

（3）伸臂桁架与剪力墙连接节点，伸入墙体内的钢桁架部分是整体节点强度、刚度及延性的关键部分，特别是剪力墙角部与伸臂桁架相连的型钢柱，其可以有效阻止节点损伤后刚度的退化。节点的承载力退化是由于累积损伤，即混凝土保护层脱落和钢材与混凝土粘结界面劣化的共同作用。

（4）四组节点的破坏位置均在伸臂桁架与剪力墙内暗柱连接处，但剪力墙在加载过程中除保护层脱落和连接节点相关范围外，墙体没有明显的裂缝，整体表现为混凝土并未发生大面积的压溃现象。但伸入剪力墙内的型钢柱发生了较大的变形，表明节点在损伤后会导致伸臂桁架在连接节点处产生较大转角，伸臂桁架杆件并未出现较大损伤。由此整体结构应变耗能发生转移，伸臂桁架及框架柱成为结构塑性应变耗能的关键部位。但剪力墙混凝土没有发生大面积压溃，筒体剪力墙可以继续承受竖向荷载，保证了结构的整体安全，说明此类节点做法抗震性能良好。

（5）通过对试验得出的节点滞回曲线及破坏形态进行数值模拟，根据数值分析结果对比可看出，本书建立的有限元模型具有较高的精确性，可较为准确地模拟该类节点在低周往复荷载作用下的受力性能。同时验证了对于此类大荷载、大变形型钢混凝土节点，钢材本构采用基于滞回耗能的强度退化本构模型能够较为真实地模拟试验结果。

第4章

结构弹塑性整体损伤指数

4.1 引言

地震作用下结构形式的多样性和场地地面运动的不确定性都会导致建筑结构破坏形式的复杂多样性，因此建立准确且反映结构实际震损的损伤模型是当前工程抗震的关键，其目的是对结构损伤程度进行定量描述并能准确判断结构的损伤状态，进而采取合适的维修改善措施。

根据实际震害表明，结构的地震损伤破坏始于材料层次，之后不断累积发展，引起构件破坏继而延伸至楼层破坏，最终会导致整体结构的功能失效[141]。因此现有损伤模型大多从三个层次研究：材料层次、构件层次和结构层次。即结构损伤评价是一个由微观至宏观的过程，材料层次从微观的角度进行分析，在材料的缺陷或界面附近微应力的不断累积将导致微应变的不协调，随着微裂纹的增长造成了材料的损伤，这一阶段可通过连续介质力学和热动力学中的损伤模型表达[142]。由于这种微观至宏观过程中的微观损伤发展路径的不确定性，通过材料及构件的基本公式发展至结构整体损伤模型变得非常困难。对于材料层次的地震损伤，学者们更多的是研究材料的损伤本构，而如何实现从材料到结构整体损伤还需更多深入的研究。目前大多学者更多地依据相关梁柱的试验研究提出构件层次的损伤模型，结构整体损伤则是通过构件的损伤指数加权组合得到。

在研究结构抗震的初期阶段，国内外主要以弹性反应谱法及静力推覆的方式分析结构的抗震性能，结构的损伤主要采用单参数损伤模型进行量化评估。但随着对结构地震损伤的深入研究，研究人员[143-145]发现仅采用单一的性能参数作为损伤评估标准，其破坏参数只有一个，不能全面评估结构在地震作用下的损伤程度。因此为了克服单参数损伤模型的局限性，双参数破坏准则作为地震作用下结构的损伤机理目前在工程界得到了广泛的认可[146-150]。该准则认为地震作用下建筑结构的损伤是首次超越破坏以及累积损伤破坏共同影响的结果。其中首次超越破坏表示结构的最大地震反应如变形和位移等力学指标首次超过规定的限值而导致结构发生突发性破坏。累积损伤破坏是由于结构在往复地震作用下，其内部产生不同程度的损伤导致结构如强度和刚度等力学性能退化，进而使结构承载力不断下降、损伤不断累积而引起的破坏。

与构件层次的损伤模型相比,结构整体损伤指数由于结构本身的复杂性和缺乏相关试验验证,目前尚未有被普遍认可的整体损伤模型,而地震损伤评估的前提需要对震损结构的整体损伤给出定量评价,以便对结构损伤后性能进行合理评价。因此本书首先对比分析现有整体损伤模型中存在的优势与不足,吸收其合理的部分,继而基于广义应变能公式进行推导,通过首次超越破坏和累积损伤破坏的破坏原则提出了一种新的结构整体损伤指数模型。

4.2　现有结构整体损伤指数分析比较

如前文所述,现有结构整体损伤指数的研究方法可分为:根据损伤的发展过程累积即由微观至宏观的过程,统称为加权系数组合法;或者将结构整体损伤后的主要动力参数作为表征即直接宏观表现,统称为整体损伤指数法。以下将分别对这两种方法中具有代表性的损伤评价方法按照其特点进行对比分析。

4.2.1　整体损伤指数法

结构层次的损伤模型即从结构宏观的角度出发,根据地震作用下结构损伤前后变形、能量、刚度和频率等性能特征的变化,描述结构整体失效的演化过程并量化结构整体的损伤程度。其优点是直接基于结构层次的整体损伤指数评估损伤,计算更加简便,更易应用于工程实际当中。目前,整体损伤指数模型主要分为以下五类:

(1) 基于结构变形的整体损伤指数

Fajfar[151] 结构整体损伤指数定义为结构最大弹塑性变形,见公式 (4.1):

$$D = \frac{\delta_c - \delta_0}{\delta_u - \delta_0} \tag{4.1}$$

式中　δ_c、δ_u、δ_0——分别为结构顶点位移的计算值、极限值和屈服值。

该损伤模型假定循环荷载下结构的极限顶点位移与单调加载下极限顶点位移相等,这一假定与结构实际极限变形不符,存在高估结构极限变形性能的风险。同时该损伤模型无法体现往复持时荷载作用造成的累积损伤,对于周期较长的结构顶点位移不能体现结构的变形特性。

Powell 和 Allahabadi[152] 将结构整体损伤指数定义为结构顶点位移变形比的指数函数 (式 4.2) 用以评价结构整体损伤。

$$D = \left(\frac{\delta_c - \delta_0}{\delta_u - \delta_0} \right)^m \tag{4.2}$$

式中　δ_c、δ_u、δ_0——分别为结构顶点变形的计算值、极限值和屈服值；

　　　　m——试验参数。

该损伤模型虽然可以在一定程度上反映结构的最大位移损伤响应，但无法体现往复持时荷载作用造成的累积损伤。同时对于周期较长的结构，由于受高阶振型的影响，顶点位移不能体现结构的变形特性，参数 m 也没有确定的取值。

（2）基于能量的整体损伤指数

Gosain[153] 等基于结构应变能提出了滞回耗能的损伤模型，见公式（4.3）：

$$D = \sum_i \frac{F_i D_i}{F_y D_y} \tag{4.3}$$

式中　F_i、D_i——分别为第 i 次循环对应的力和位移；

　　　　F_y、D_y——分别为屈服力和屈服位移。

该损伤指数考虑了滞回耗能对结构整体损伤的影响，这是一个很大的突破。但以每次循环对应的应变能与屈服应变能之比的加权作为损伤指数无法体现结构是否已经超越屈服而造成损伤，这是其最大的理论缺陷。

Fajfar 在文献［151］中同时提出将结构整体损伤指数定义为结构在循环加载下的累积滞回耗能与结构在单调加载下的最大耗能的比值：

$$D = \frac{E_h}{F_y(X_u - X_y)} \tag{4.4}$$

式中　E_h——循环加载的滞回耗能；

　　　　F_y——结构屈服剪力；

　　　　X_y——结构屈服最大位移；

　　　　X_u——结构极限最大位移。

该损伤指数相较于 Gosain 损伤指数，以结构屈服后的滞回耗能作为累积损伤的总比例因子，从理论上有所改进。但结构损伤在很大程度上与滞回耗能的变化速率、结构首次最大损伤相关，其还是不能较为精确地反映结构整体损伤状况。并且公式（4.4）中 E_h 为循环加载的滞回耗能，而分母部分却为结构单调增量的塑性耗能部分，存在理论缺陷。

（3）基于刚度的整体损伤指数

李忠献等[154] 将滞回曲线的斜率视为结构的等效刚度，在地震作用下结构等效刚度不断劣化，以结构在无损状态下的等效刚度为初始标量，定义了基于结构等效刚度的损伤模型：

$$D = \frac{(K_0 - K_i)K_{\text{ref}}}{(K_0 - K_{\text{ref}})K_i} \tag{4.5}$$

式中　　K_0——结构无损时的初始刚度值；

$\quad\quad\quad K_i$——结构损伤后的等效刚度值；

$\quad\quad\quad K_{\text{ref}}$——结构等效刚度限值（极限刚度）。

虽然刚度是结构的固有属性，但没有考虑滞回耗能，使得刚度用于评价结构的整体损伤不敏感，且该模型采用线性等效刚度，忽略了结构刚度变化过程，故在结构整体损伤评价中误差较大。

Ghobara[76] 分别对结构进行地震作用前和地震作用后的 Pushover 分析，将地震作用后推覆曲线初始切线斜率的变化作为结构整体损伤指数，见公式（4.6）：

$$D = 1 - \frac{K_{\text{f}}^2}{K_i^2} \tag{4.6}$$

式中　　K_i 和 K_{f}——分别为结构遭遇地震前和地震后的结构切线刚度。

朱红武[73] 对 Ghobara 损伤指数进行改进，结合模态 Pushover 分析和刚度损伤模型计算多阶模态刚度损伤指数，再将各阶刚度损伤值通过振型组合方法（SRSS）组合得到结构的整体损伤指数。

$$D = \sqrt{\sum (\Gamma_n D_n)^2} \tag{4.7}$$

$$D_n = 1 - \frac{K_{i,n}^2}{K_{\text{f},n}^2} \tag{4.8}$$

式中　　$K_{i,n}$ 和 $K_{\text{f},n}$——分别为结构遭遇地震前和地震后的第 n 阶振型的结构切线刚度；

$\quad\quad\quad \Gamma_n$——第 n 阶振型参与系数。

宋猛[79] 通过模态 Pushover 分析得到结构推覆曲线，并将该曲线的面积进行耗能类别分离得到结构能量耗散损伤模型，继而进行结构整体损伤评价：

$$D = D_{\text{r}} + D_{\text{h}} \tag{4.9}$$

$$D_{\text{r}} = \begin{cases} \dfrac{S_{\text{r}}}{S}, \ U_{\max} < U_{\text{u}} \\ 1, \ U_{\max} \geqslant U_{\text{u}} \end{cases} \tag{4.10}$$

$$D_{\text{h}} = \frac{S_{\text{h}}}{S} \tag{4.11}$$

式中　　D——结构地震损伤指数；

D_r——因结构不可恢复残余位移引起的损伤；

D_h——因结构刚度与强度退化引起的损伤；

S——结构在单向水平荷载作用下耗储能量与塑性变形消耗能量的能力；

S_r——结构残余位移引起的耗储能量与塑性变形消耗能量的能力下降；

S_h——结构强度与刚度退化引起的耗储能量与塑性变形消耗能量的能力下降。

以上结构整体损伤指数[73,76,79]由 Pushover 分析得到的能力曲线受限于自身的局限性，没有考虑到结构受损后振型的改变。同时 Pushover 分析依赖于单一的侧向力加载方式，不能体现结构的非线性动力特性和地震动的多样性。特别是文献［73］中损伤评估方法计算过于烦琐且不能保证计算的可靠性。

（4）基于结构自振周期的整体损伤指数

Salawu[71] 通过对振动台试验结果进行研究，基于结构损伤前后自振频率变化提出了结构整体损伤指数：

$$D = 1 - \frac{\omega_i^2}{\omega_0^2} \tag{4.12}$$

式中 ω_0 和 ω_i——分别为结构遭遇地震前和第 i 次地震后的自振频率。

该结构整体损伤指数由于没有考虑滞回耗能，使得采用结构自振频率用于评价结构的整体损伤不敏感。重要的是其评价指标中没有一个固定的结构整体损伤参数，公式（4.12）中分子、分母均为变量，使得对于不同的损伤却可能得出一个相同的损伤指数。

周云鹏[74] 结合结构的外在表象和内部属性，提出了将振型与层间位移角的一阶振型地震前后的差值与层高的比值作为结构整体损伤识别指标：

$$d_{Ai0} = \frac{(A_{(i+1)0} - A_{i0})}{h_i} \tag{4.13}$$

$$d_{Ai} = \frac{(A_{i+1} - A_i)}{h_i} \tag{4.14}$$

$$D_{fi} = \frac{d_{Ai}}{d_{Ai0}} = \frac{A_{i+1} - A_i}{A_{(i+1)0} - A_{i0}} \tag{4.15}$$

式中 A_i——损伤后的第 i 层的振型值；

h_i——层高；

A_{i0}——损伤前结构的振型位置曲线中第 i 层的振幅，即第 i 层的振型位置对振型振幅最大位置归一化后得到的振型值；

D_{fi}——结构第 i 层的损伤系数。

该结构整体损伤指数基于有限元软件分析，如仅考虑低阶振型，其对结构的损伤变化不敏感。如考虑结构的所有振型，由于结构损伤后振型在高阶会产生变化，很难确定结构振型前后的对应关系，故导致整体损伤判定相对困难。

施卫星等[155] 提出了考虑振型参与系数、振型数量、结构类型和自振频率四个参数的整体损伤指数：

$$D = 1 - \left(\frac{2}{m+1} \sum \gamma_l \frac{f_i^2}{f_o^2} \right)^{\alpha\beta} \tag{4.16}$$

式中　m——考虑高阶振型的数量；

　　　γ_l——振型参与系数；

f_i 和 f_o——分别为结构第 i 阶振型的自振频率和损伤后的自振频率；

　　　α——结构形式所对应的参数；

　　　β——自振频率测试方式所对应的参数。

该结构整体损伤指数相对于文献［74］从理论上有较大改进，损伤指数选取参数能更好地反映结构损伤前后基于振型的变化。但同文献［74］相同的是结构损伤后振型在高阶会产生变化，很难确定结构振型前后的对应的关系，故导致整体损伤判定相对困难，并且其公式中存在 α、β 此类试验拟合参数，导致其需要更多的试验验证方能进行结构整体损伤评定。

（5）基于地震动参数的整体损伤指数

徐强等[83] 基于层间位移角和结构总耗能与地震峰值加速度的拟合关系式，建立了双参数损伤指数用以评估结构的损伤程度：

$$I_D = \alpha I_e + \beta I_\delta \tag{4.17}$$

式中　I_D——表示结构的整体损伤指标；

I_e、I_δ——分别表示基于能量耗散和层间位移角的结构整体损伤指标；

　α 和 β——权重组合系数。

该模型基于多条地震动得到层间位移角和结构总耗能的损伤模型，但其拟合耗能公式根据其自身说明，仅适用于特定的梁铰结构。参数 α 和 β 的取值需要试验确定，对于广义结构类型的损伤还需更多研究。

Mohebi 等[156] 根据 IDA 曲线，基于结构最大层间位移角和基本周期谱加速度提出了结构整体损伤指数，其损伤指数由结构性能参数和地震动强度指标组成，见公式（4.18）：

$$D_i = \sqrt[2]{\frac{(\theta_0 - \theta_y)}{(\theta_u - \theta_y)} \frac{(S_a - S_{ay})}{(S_{au} - S_{ay})}} \tag{4.18}$$

式中　　θ_u——结构倒塌时基本周期谱加速度；

S_{au}——结构倒塌时最大层间位移角；

θ_y——结构屈服时基本周期谱加速度；

S_{ay}——结构屈服时最大层间位移角。

该结构整体损伤指数采用最大层间位移角及基本周期谱加速度作为损伤变量，相较于之前的损伤指数，理论以及公式推导的严谨性都有了很大的进步。但由于没有考虑滞回耗能，使其用于评价结构的整体损伤不敏感。其次公式（4.18）中的变量是依据单条地震波下的 IDA 曲线，而忽略了地震动的离散性。

邱意坤[141] 将目标地震动通过 IDA 求得结构倒塌状态，将 IDA 曲线的面积与该地震动实际强度下曲线的面积的比值作为结构的整体损伤指数：

$$D_i = \frac{\int_{IM_y}^{IM} DM\,\mathrm{d}y}{\int_{IM_y}^{IM_u} DM\,\mathrm{d}y} \tag{4.19}$$

式中　　IM_y、IM_u——分别为结构屈服状态和结构倒塌状态对应 IDA 曲线上的地震动强度；

IM——实际地震动强度；

DM——IDA 曲线结构需求参数关于地震动参数（IM）的拟合函数表达式。

该结构整体损伤指数考虑了物理意义明确的 IDA 曲线的面积比作为损伤模型，从能量分析的角度提供了具有非常高可操作性的模型。但该损伤模型对于不同地震动下的结构损伤评估需要进行多次 IDA 分析和函数拟合，其过程过于烦琐。同时该模型中地震动强度参数和结构性能参数的选取影响着损伤评估结果，因此 IM 和 DM 的选取还需更多深入的研究。

4.2.2　加权系数组合法

加权系数组合法属于多层次损伤评价，即从结构构件的角度出发，能够从细部特征反映结构的损伤分布，同时根据较为成熟的构件损伤模型和相应的权重系数评估结构整体的损伤程度。目前加权系数组合法主要采用基于构件的 Park-Ang 损伤模型以及微观材料损伤准则作为构件的损伤指数评估方法。而权重系数则根据研究者所考虑的因素及依据的试验资料不同而不同。根据国内外学者对于权重系数的选择，目前可以将加权系数组合法分为以下三类：

（1）基于耗能权重的损伤指数

Kunnath、Reinhorn、Park[66] 基于构件的 Park-Ang 损伤模型将耗能比作为

权重系数组合层损伤 D_{fi}，最后得出结构的整体损伤指数 D，见式（4.20）～式（4.23）：

$$D = \sum \lambda_{fj} D_{fj} \tag{4.20}$$

$$D_{fj} = \sum \lambda_{pi} D_{pi} \tag{4.21}$$

$$\lambda_{pi} = \frac{E_{pi}}{\sum E_{pi}} \tag{4.22}$$

$$\lambda_{fj} = \frac{E_{fj}}{\sum E_{fj}} \tag{4.23}$$

式中　λ_{pi}——结构层第 i 构件的能量权重系数；

$\quad\quad$ λ_{fj}——第 j 层的能量权重系数；

$\quad\quad$ E_{pi}——结构层第 i 构件的耗能；

$\quad\quad$ E_{fj}——第 j 层的层耗能；

$\quad\quad$ D_{fj}——第 j 层的层损伤指数；

$\quad\quad$ D_{pi}——结构层第 i 构件基于 Park-Ang 损伤模型的损伤指数。

该结构损伤指数认为耗能越大对结构整体损伤的权重越大，但构件和层损伤权重受耗能、构件类型及几何位置等多因素影响，如对于结构其底层构件未必耗能最大，但其又是结构整体稳定的最重要构件。因此仅依据能量准则并不合理，同时该加权系数不能使构件及整体损伤随时间累积增加，与实际情况不符。

（2）基于楼层重要性权重的损伤指数

Chung 等[68] 通过引入层权重系数 λ 来反映结构层位置对结构整体损伤的影响，其损伤从下往上依次递减：

$$D = \sum \lambda_{fi} D_{fi} \tag{4.24}$$

$$\lambda_{fi} = \frac{n - i + 1}{\sum (n - i + 1)} \tag{4.25}$$

式中　λ_{fi}——结构第 i 层的权重系数；

$\quad\quad$ D_{fi}——结构第 i 层的损伤系数；

$\quad\quad$ n——结构总楼层数；

$\quad\quad$ i——结构计算损伤所在层数。

该结构损伤指数考虑了结构楼层几何顺序因素，但损伤权重受多因素影响，忽略薄弱层等因素会大大降低结构整体损伤指数的评价准确性。

杜修力、欧进萍[157] 为了反映楼层顺序和结构薄弱层损伤两个因素，引入了层损伤指标的概念，将结构整体损伤模型中的权系数定义为：

$$D = \sum \eta_i D_i \qquad (4.26)$$

$$\lambda_{fi} = \frac{(N-i+1)D_i}{\sum_{i=1}^{N}(N-i+1)D_i} \qquad (4.27)$$

式中　η_i——结构第 i 层的权重系数；

　　　　D_i——结构第 i 层的损伤指数；

　　　　N——结构总楼层数；

　　　　i——结构计算损伤所在层数。

该结构损伤指数能够体现损伤较大的楼层对于整体损伤的影响，间接反映了结构薄弱层等因素的影响，同时保证了构件和整体损伤能够随时间增加而累加。但该楼层权重系数没有进行归一化，使得不同的损伤却能够得出相同的损伤指数，并且该结构损伤指数中根据公式计算可知，楼层位置对整体损伤指数的影响远大于楼层损伤对整体损伤指数的影响，使得计算结果更依赖于楼层位置，整体损伤指数计算过程变成一种过于稳定的"静态组合"。

杨栋[158] 等通过《抗震规范》计算楼层屈服强度系数，基于该屈服系数获得楼层的权重系数 λ_i：

$$D = \sum \lambda_i D_i \qquad (4.28)$$

$$\lambda_i = \frac{\eta_i D_i}{\sum \eta_i D_i} \qquad (4.29)$$

$$\eta_i = \frac{1}{\zeta_i} \qquad (4.30)$$

式中　ζ_i——第 i 层楼层屈服强度系数；

　　　　λ_i——结构第 i 层的权重系数；

　　　　η_i——结构第 i 层的损伤组合系数。

该结构损伤指数基于框架结构楼层屈服强度系数，作为结构楼层损伤组合系数。由于《抗震规范》对于框架结构的屈服强度系数的取值基于荷载均匀框架，并且取值假定较多，故其计算结果误差也较大。

吕海霞[70] 对文献［157］提出的权重系数进行改进，将构件类型进行分类。相同类型的每个水平构件权重系数为层间位移角最大时刻的损伤与每层最大层间位移角水平构件损伤之和的比值。而竖向构件则基于水平构件的权重系数，同时考虑楼层的影响：

$$D = \sum \eta_i D_i \tag{4.31}$$

$$\eta_i = \frac{(N - i + 1)D_{i(\mathrm{tm})}}{\sum_{i=1}^{N} (N - i + 1)D_{i(\mathrm{tm})}} \tag{4.32}$$

式中　η_i ——结构第 i 层的权重系数；

　　$D_{i(\mathrm{tm})}$ ——表示某类型构件在达到层间位移角最大时的损伤值；

　　N ——结构总楼层数；

　　i ——结构计算损伤所在层数。

该结构损伤指数根据各构件的类型分为水平和竖向构件两类，进一步考虑了构件及薄弱层损伤对结构整体损伤的贡献。但该系数仅依据最大层间位移角时刻判定构件损伤，不能综合考虑滞回耗能等因素对损伤权重系数的影响，同时对于高层复杂结构构件类型的多样性考虑不全面。

（3）基于构件重要性权重的损伤指数

Bracci 等[159] 考虑到结构损伤后为了保证结构竖向承重能力，梁的重要性应低于柱的重要性，因此选用构件的损伤指数作为加权系数的同时对梁的损伤占比采取一定程度的折减：

$$D = \sum_{j=1}^{N} \left(\sum \lambda_{ic} D_{ic} + k \sum \lambda_{ib} D_{ib} \right) \tag{4.33}$$

$$\lambda_{ic} = \frac{D_{ic}}{\sum D_{ic}} \lambda_{ib} = \frac{D_{ib}}{\sum D_{ib}} \tag{4.34}$$

式中　D_{ic}、D_{ib} ——某层第 i 构件柱和梁的损伤指数；

　　λ_{ic}、λ_{ib} ——某层梁柱构件的加权系数；

　　k ——折减系数。

该结构损伤指数基于水平和竖向构件的损伤权重，不能使构件及整体的损伤随时间累积增加，且不考虑构件位置重要性的影响。其折减系数 k 的取值需由试验确定，仅根据结构体系类型等因素相对较难确定。

陈亮[160] 基于各层水平和竖向构件的损伤将加权系数通过试验和数值分析进行回归拟合并得到结构整体损伤指数：

$$D = D_{\mathrm{hi}} + D_{\mathrm{vi}} \tag{4.35}$$

$$D_{\mathrm{hi}} = a\theta^4 + b\theta^3 + c\theta^2 + d\theta + e \tag{4.36}$$

$$D_{\mathrm{vi}} = \begin{cases} a\theta + b & \text{（除底层）} \\ 1 & \text{（底层）} \end{cases} \tag{4.37}$$

式中　　　θ ——楼层各层高与总层高的比值；

D_{hi}——各楼层竖向构件损伤指数；

D_{vi}——各楼层水平构件损伤指数；

a、b、c、d、e——参数由数值拟合获得。

构件的损伤则根据破坏模式从构件的材料损伤分布确定。

该加权组合法能够更细化地分析各个水平、竖向构件的加权系数，同时在楼层损伤的分布上也更加合理。但组合系数仅基于有限的试验参数和数值拟合，其取值和形式缺少相关理论证明，拟合结果的不确定性导致整体损伤评估精度下降。

吴波、欧进萍[21] 基于构件在结构中表现出的串、并联方式，考虑构件刚度的变化建立了剪切型结构的损伤模型：

$$D = 1 - \cfrac{1}{k_0 \sum \cfrac{1}{k_{0i}(1 - D_i)}} \tag{4.38}$$

该结构损伤指数通过串、并联方式描述构件与结构的刚度连接关系，非常值得借鉴，但其直接应用各个构件刚度的退化，未考虑各个构件刚度退化因几何位置、构件类型等因素对结构整体损伤的权重贡献不尽相同。

4.2.3　基于 Park-Ang 的整体损伤指数讨论

在结构整体损伤评估方法中，地震工程界普遍认同的是基于 Park-Ang 思想的整体损伤模型，该类模型考虑了首次超越破坏和累积损伤破坏的耦合作用，能够更加全面敏锐地反映结构的损伤变化，同时物理意义及损伤的量化表征也很清晰，并且绝大多数的加权系数组合法对于构件的损伤指数均为基于 Park-Ang 构件的损伤指数。

杜修力、欧进萍[157] 参考 Park-Ang 损伤模型，提出了适用于钢结构的双参数损伤模型：

$$D = \left(\frac{X_m}{X_u}\right)^{\beta} + \left(\frac{E}{QX_u}\right)^{\beta} \tag{4.39}$$

式中　X_m——顶点位移的最大值；

X_u——结构极限变形值；

E——滞回耗能；

Q——屈服剪力；

β——基于钢结构在实际地震作用下的数据和相关试验数据回归得到的参数。

Siddhartha Ghosh 等[82] 基于 Park-Ang 损伤模型结合等效单自由度体系和模态 Pushover 方法，得到结构整体损伤模型：

$$D = \frac{\delta - \delta_y}{\delta_u - \delta_y} + \frac{\beta}{P_v \delta_u} \int dE \tag{4.40}$$

式中　δ_y ——推覆分析所得的结构屈服顶点位移；

δ_u ——推覆分析所得的结构极限顶点位移；

δ ——荷载作用下结构的顶点位移；

P_v ——屈服基底剪力；

$\int dE$ ——出现塑性铰处的滞回耗能；

β ——耗能因子。

通过以上基于 Park-Ang 思想的整体损伤模型公式，以及众多的 Park-Ang 损伤指数改进模型，不难看出其内在思想存在以下不可回避的问题：

（1）Park-Ang 模型对于最大变形和滞回耗能，公式中采用了线性相加的组合方式，并没有线性组合的理论推导过程。虽然形式简单，但并没有相关的理论依据能够证明其组合方式是合理的。

（2）Park-Ang 模型考虑到滞回耗能与首次超越破坏即变形之间采用线性组合时与试验结果差距较大，故引入了滞回耗能组合系数 β。系数 β 主要基于有限的试验数据回归得到，其取值依赖于结构的类型和研究人员所考虑的因素，因此目前组合系数的取值离散性较大，变形和耗能的权重分配还需进一步完善。

4.3　基于结构应变能的结构整体损伤指数

结构整体损伤是由构件的塑性变形累积形成，这使得应变能在表征结构构件的塑性变形累积上具有很好的优势，并且应变能能够体现塑性部位的扩展和塑性变形程度的增加。能量是外界环境与结构相互作用的固有物理属性，当结构应变能发生变化时就必然代表结构发生了损伤，应变能指标对结构损伤具有敏感性。从能量的角度分析结构在地震作用下的反应情况，不但能够对结构在遭受地震事件时的地震强度、持时、频谱特征进行精确反映，而且体现了结构对地震能量吸收到耗散的全过程。这就能够较好地弥补采用单一位移或基于力概念破坏准则，对结构整体损伤及破坏机理评价的片面性。

结构地震反应可以理解为从静态到动态基于时间变化的非线性过程，从能量的角度讲，结构动力反应的过程可以理解为应变能的传递及释放过程，且整个过程都是应变能起主导作用。故基于结构应变能的结构整体损伤指数 D_{SE} 可以表示为公式（4.41）：

$$D_{SE} = \frac{E_{RSE}}{E_{USE}} \qquad (4.41)$$

式中 　E_{RSE}——结构在作用下的反应应变能；

　　　E_{USE}——结构的极限应变能。

震害实例和试验研究表明地震破坏分为两类，即首次超越破坏和累积滞回耗能损伤破坏，见图 4.1。故公式（4.41）中结构的反应应变能可以表示为公式（4.42），将其带入公式（4.41）即可得到公式（4.43）：

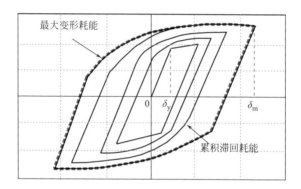

图 4.1　首次超越破坏和累积滞回耗能损伤破坏关系图

$$E_{RSE} = E_{FTBD} + E_{HEC} \qquad (4.42)$$

$$D_{SE} = \frac{E_{FTBD} + E_{HEC}}{E_{USE}} = \frac{E_{FTBD}}{E_{USE}} + \frac{f(E_{HEC}, t)}{E_{USE}} \qquad (4.43)$$

式中 　E_{FTBD}——结构首次超越破坏应变能；

　$f(E_{HEC}, t)$——结构随时间的累积滞回耗能函数。

总应变能 Γ 公式如下：

$$\Gamma = \iiint_v \kappa \, \mathrm{d}v \qquad (4.44)$$

$$\kappa = \frac{\sigma_{ij} \varepsilon_{ij}}{2} \qquad (4.45)$$

$$\sigma_{ij} = \varepsilon_{ij} C_{ij} \qquad (4.46)$$

式中 　κ——应变能密度；

　　　C_{ij}——弹性模型矩阵分量；

　　　σ_{ij}——单元应力；

ε_{ij}——单元应变。

将公式（4.46）带入公式（4.44），总应变能 Γ 的公式可表示为式（4.47），并对总应变能求微分得到公式（4.48）：

$$\Gamma = \frac{1}{2} \iiint_v \varepsilon_{ij}^2 C_{ij} \, \mathrm{d}\nu \tag{4.47}$$

$$\mathrm{d}\Gamma = C_{ij} \int \varepsilon_{ij} \, \mathrm{d}\varepsilon \iiint_v \mathrm{d}\nu \tag{4.48}$$

对于这个结构体系在整个结构损伤的时程过程中，其弹塑性基本假定为不可压缩，可以忽略结构构件的体积变化。利用有限元法对结构整体进行单元划分后，总应变能公式又可改写为公式（4.49）：

$$\Gamma = \sum_1^n C_{ij} \int \varepsilon_{ij} \, \mathrm{d}\varepsilon \tag{4.49}$$

将公式（4.49）与胡克定律比较可知，荷载作用下结构的广义位移向量用 U_ω 表示，$U_\omega = \sum \varepsilon_{ij}$。结构的广义刚度用 K_ω 表示，$K_\omega = \sum C_{ij}$。将公式（4.49）积分后总应变能可以改写为公式（4.50）：

$$\Gamma = \frac{1}{2} U_\omega^2 K_\omega \tag{4.50}$$

结构的广义刚度 K_ω 根据 Sidoroff[161] 提出的能量等效假定，即损伤结构的余能函数与弹性结构的余能函数形式相同，结构的广义刚度又可表述为公式（4.51）：

$$K_\omega = M^{-1} : C : M^{\mathrm{T},-1} \tag{4.51}$$

式中　M——结构损伤张量；

　　　C——无损结构的弹性张量。

通过上式可以看出，结构的广义刚度是 K_ω 与空间坐标及加载路径相关的非线性曲线。根据热力学第二定律，虽然结构最初的损伤部位表现出随机性，但随着其发展损伤变化过程依赖于无损结构的弹性张量，更多地表现为结构固有的属性。故可认为任一结构具有固定的结构广义刚度，即为一条非线性曲线。不同加载过程的最终塑性损伤过程表现为在结构广义刚度曲线上的不同位置。

首次超越破坏是由于结构在强烈地震作用下，结构的响应力学指标首次超过一个限值，从而导致结构的突发性破坏。地震作用下结构的损伤程度与结构的位移有直接的关系，故将公式（4.50）带入公式（4.43）加号前的第一项内，即可将公式（4.43）变换为公式（4.52），整理后为公式（4.53）：

$$D_{SE} = \frac{\frac{1}{2}U_r^2 K_\omega}{\frac{1}{2}U_u^2 K_\omega} + \frac{f(E_{HEC}, t)}{E_{USE}} \tag{4.52}$$

$$D_{SE} = \sqrt{\frac{U_{rd}}{U_{ud}}} + \frac{f(E_{HEC}, t)}{E_{USE}} \tag{4.53}$$

式中　U_r——结构在作用下的反应最大位移向量；

　　　U_u——结构极限最大位移向量；

　　　U_{rd}——结构在作用下的反应最大层间位移角；

　　　U_{ud}——结构极限最大层间位移角。

根据秋山宏[162]对结构累积塑性变形和最大塑性变形的推演，在结构整体损伤指标中考虑最大变形具有以下重要意义：

（1）结构构件的破坏不仅与吸收能量的大小有关，还取决于往复变形幅值。最大变形时往复变形幅值的代表值具有重要意义。

（2）主体结构各层承受的竖向荷载在层间位移下产生的 $P\text{-}\Delta$ 效应，使得结构水平抗力降低。同时，结构还必须吸收竖向荷载产生的竖向位移而释放出来的势能。因此，最大变形对控制 $P\text{-}\Delta$ 效应最大值具有重要意义。

（3）除了主体结构以外，建筑中还存在大量的非结构构件，须具有伴随主体结构的变形能力，其破坏依赖于主体结构的极限变形。

结构的极限应变能 E_{USE}，其意义为表达结构的极限应变耗能能力。目前学者们[76,82,143]主要采用分析结果稳定、求取方法方便简单的 Pushover 推覆曲线或相关延性假定的结构单调荷载作用下的最大耗能作为结构的极限应变能，见图 4.2。而基于静力弹塑性分析 Pushover 得到的结果虽然有着耗时短、分析结果稳定等优点，但其结果更依赖于推覆荷载加载方式和选取的多阶模态特征向量。采用静力模式对结构进行加载与结构所遭受的地震作用从过程上是有区别的，尽管学者们不断通过研究试图弥补这种理论方面的不足，但仍然不能准确获取地震激励下结构动态响应全过程。而在对结构进行等效单自由度分析时，等效方法假定结构基本振型保持不变这一理论与实际情况不符，该方法本身不是精确解，不能精确地反映结构的性能。

相较于 Pushover 分析，增量动力分析（IDA）对结构的非线性特征和动态特征的反映更加真实，能够较为精确地反映结构耗能和极限变形能力。该方法由于在结构非线性阶段性态评估中具有优越性，直到现在仍作为最精确的计算手段被普遍应用。周颖等[163]采用 IDA 曲线获取结构地震作用下的极限变形性能；邱意坤[141]采用 IDA 曲线的面积来评估结构的损伤程度；陆新征等[164]基于增

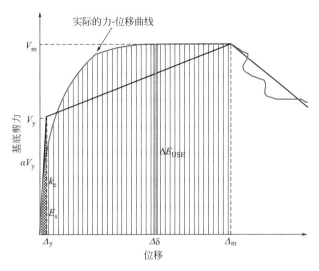

图 4.2　Pushover 结构能力曲线及应变能

量动力分析以概率的形式对结构在大震以及特大震作用下的抗倒塌能力进行了评估。

　　Vamvatisikos、Cornell[165] 对 IDA 的基本概念、IDA 曲线的性质等进行了总结阐述。在不同地震和不同地震强度水平下，结构从弹性到弹塑性，再到整体倒塌的整个过程，IDA 都能有效地反映并了解结构体系的性能变化和抗震需求。因此本书以图解法，绘制多条基底剪力-顶点位移 IDA 曲线簇，根据应变能公式将曲线簇的平均值所包围面积作为结构的极限应变能 E_{USE}，即公式（4.54）并如图 4.3 所示。

$$E_{USE} = \int_{\delta_y}^{\delta_m} Q \mathrm{d}y \tag{4.54}$$

式中　δ_m、δ_y ——分别为结构最大变形和弹性极限变形；

　　　　Q ——基底剪力。

　　根据结构动力学，公式（4.53）中结构随时间的累积滞回耗能函数 $f(E_{HEC}, t)$ 可以表达为公式（4.55），考虑随时间的累积可将其变换为公式（4.56）：

$$f(E_{HEC}, t) = \int_0^u f_s(u)\mathrm{d}u - E_s(t) \tag{4.55}$$

$$f(E_{HEC}, t) = \left[\int_0^t \dot{u} f_s(u)\mathrm{d}t\right] - E_s(t) \tag{4.56}$$

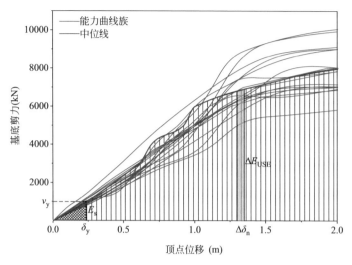

图 4.3　增量动力分析结构能力曲线及应变能

式中　$E_s(t)$——结构随时间产生的弹性应变能。

公式（4.56）中累积滞回耗能函数 $f(E_{HEC}, t)$ 是随时间变化的函数，那么就有必要对其讨论滞回耗能与时间变量的关系。根据文献［162］定义结构最大塑性变形耗能为公式（4.54），则结构的最大延性系数可表示为公式（4.57）：

$$\mu = \frac{\delta_m - \delta_y}{\delta_y} \tag{4.57}$$

在地震作用下，结构在正负荷载作用下的最大延性系数分别为 μ_m^+、μ_m^-，定义加载范围的第 i 次正负加载范围延性系数 η^+ 和 η^- 如公式（4.58）所示：

$$\eta^+ = \frac{E_p^+}{Q_y \delta_y}, \quad \eta^- = \frac{E_p^-}{Q_y \delta_y} \tag{4.58}$$

式中　E_p^+、E_p^-——第 i 次正负加载范围滞回耗能。

取 η^+ 与 η^- 之和的平均值为平均累积延性系数 $\overline{\eta}$，总滞回耗能公式即可整理为公式（4.59）：

$$f(E_{HEC}, t) = \overline{\eta} Q_y \delta_y \tag{4.59}$$

式中　Q_y——结构屈服力；

　　　　δ_y——结构屈服应变。

根据公式（4.59）可知，结构的滞回耗能可与时间变量无关，时间变量在公式（4.56）中为持时增量，即表示"随时间的增加"。其中公式（4.59）中

$\bar{\eta}$ 为平均累积延性系数。故 $f(E_{\text{HEC}},t)$ 随时间的增加平均值即可表示为公式
(4.60)：

$$E_{\text{AEI}} = f(E_{\text{HEC}},t) = \frac{\int E_{\text{HEC}}\,\mathrm{d}t}{t} \tag{4.60}$$

式中　E_{AEI}——滞回耗能应变能增量；

　　　　t——持时。

将以上各式带入、合并，最终得到了基于结构应变能的结构整体损伤指数
如下：

$$D_{\text{SE}} = \sqrt{\frac{U_{\text{rd}}}{U_{\text{ud}}}} + \frac{E_{\text{AEI}}}{E_{\text{USE}}} \tag{4.61}$$

式中　D_{SE}——基于结构应变能的结构整体损伤指数，其计算结果在 ［0,1］ 范
　　　　　　　围内；

　　　　U_{rd}——结构在作用下的反应最大层间位移角；

　　　　U_{ud}——结构极限最大层间位移角；

　　　　E_{AEI}——滞回耗能应变能平均增量；

　　　　E_{USE}——结构的极限应变能。

4.4　算例分析

本节主要内容为讨论某一结构的不同整体损伤指数的差异性及合理性，并检
验本章提出的结构整体损伤指数对超高层建筑的适用性。结构高度为 237.60m，
60 层带伸臂桁架框架-核心筒结构，伸臂桁架设置两道，如图 4.4 所示。结构抗
震设防烈度为 8 度 （0.20g），结构特征周期为 0.40s，结构阻尼比为 0.04。结构
几何参数、地震动参数、材料本构等具体取值方法详见本书第 5 章。

地震激励采用的主震、主余震序列均为双向激励模式，主、次方向地震峰值
加速度比值为 1：0.85，图 4.5 给出了激励用结构地震动时程。

表 4.1 给出了主震及主余震序列弹塑性计算结果。可以看出在遭受主震及主
余震后计算的整体计算指标一致。结构在遭受不同序列地震前后结构的自振周期
一致。但主要构件的损伤指数不相同，为了具体说明，图 4.6 给出了主要构件的
损伤指数云图。可以明显看出核心筒底部损伤指数及分布范围有较大差异，伸臂
桁架与框架柱在主震、主余震序列下损伤指数也存在差异。

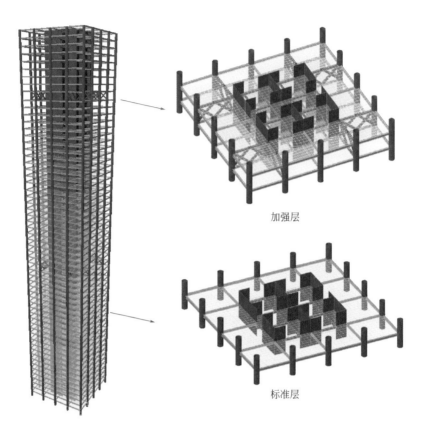

加强层

标准层

图 4.4　算例结构模型图

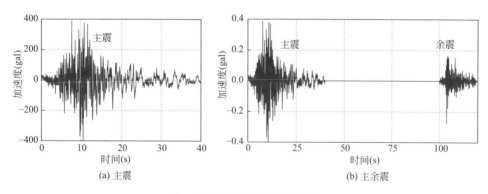

(a) 主震

(b) 主余震

图 4.5　算例模型激励地震动

算例模型主震及主余震序列主要计算结果　　　　　　　表 4.1

整体计算指标	结构顶点位移（m）	结构最大层间位移角	地震前结构自振周期（s）	地震后结构自振周期（s）
主震	1.459	1/118	5.192	5.941
主余震	1.459	1/118	5.192	5.941
构件计算指标	最大核心筒损伤指数	最大伸臂桁架损伤指数	最大框架柱损伤指数	最大框架梁损伤指数
主震	0.903	0.925	0.891	0.914
主余震	0.912	0.933	0.893	0.925

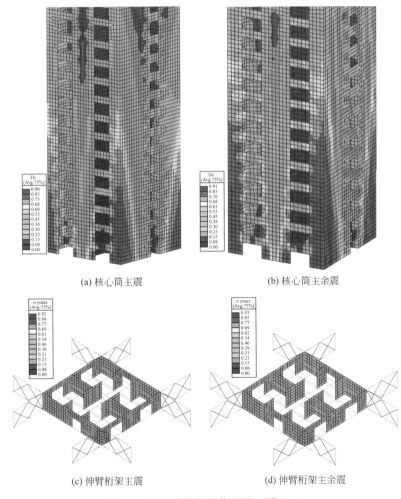

(a) 核心筒主震　　　　　　　　　　　　　(b) 核心筒主余震

(c) 伸臂桁架主震　　　　　　　　　　　　(d) 伸臂桁架主余震

图 4.6　主要构件的损伤指数云图（一）

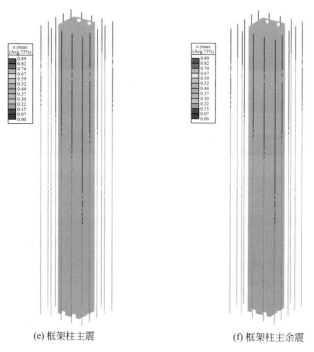

(e) 框架柱主震　　　　　　　　　　　(f) 框架柱主余震

图 4.6　主要构件的损伤指数云图（二）

　　本节将采用本书提出的基于结构应变能的整体损伤指数模型，并对比具有代表性的 6 种损伤指数模型，即 Salawu 周期损伤模型、Fajfar 位移损伤模型、Kunnath 加权组合法、Chung 加权组合法、Fajfar 能量损伤模型、杜-欧加权组合法。通过对主震与主余震作用下 7 种结构整体损伤指数的对比分析，对本书提出的基于结构应变能的整体损伤指数模型的合理性进行验证。

　　（1）基于结构应变能的整体损伤指数

　　本书提出的基于结构应变能的整体损伤指数根据公式（4.61），首先需要求出结构自身的极限应变能以及变形值，按照前述，需根据增量动力分析求得。参照我国《抗震规范》地震记录选取原则，依据结构的设计地震烈度、场地类别和地震分组，从美国太平洋地震研究中心（PEER）强震记录数据中心进行地震动的初步筛选，随后依据规范设计反应谱以结构基本周期点处对应的地震动反应谱和设计反应谱的谱值接近为原则进行第二次筛选；最后将筛选出的 7 条地震波施加到结构进行弹性时程分析，依据每条地震动弹性时程计算所得结构基底剪力不小于振型分解反应谱法的 65%，多条地震动弹性时程计算所得结构基底剪力的平均值不小于振型分解反应谱法的 80% 的原则进行最终的地震动筛选。基于以上原则选取了 7 条主震地震动记录，详见表 4.2。

算例模型 IDA 选取主震地震动　　　　　　表 4.2

序号	地震事件	台网	V_{S30}(m/s)	D_{ms}(km)
EN-1	Northridge	LA-Baldwin Hills	297.07	73.50
EN-2	Northridge	N Hollywood-Coldwater Can	326.47	67.89
EN-3	Northridge	Jensen Filter Plant Administrative Building	373.07	20.11
EN-4	Northridge	Littlerock-Brainard Can	485.67	46.31
EN-5	Northridge	Castaic-Old Ridge Route	450.28	20.11
EN-6	Northridge	Santa Monica City Hall	336.20	17.28
EN-7	Northridge	Hollywood Willoughby Ave	347.70	17.82

图 4.7 给出了 7 条地震动反应谱及其平均反应谱与规范谱的对比情况，从图中可以看出地震动平均反应谱与规范谱吻合度较好。

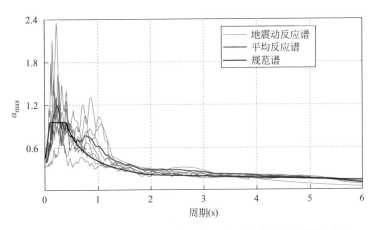

图 4.7　算例模型地震动反应谱及其平均反应谱与规范谱的对比

根据以上 7 条地震动，本书以工程界常用的地震动峰值加速度 *PGA* 作为地震动强度参数 *IM*，将每条地震动按 0.05、0.07、0.1、0.2、0.3、0.4、0.5、0.6、0.7 调幅后进行计算分析。结构的极限倒塌点 *CP*（Collapse Prevention）即 IDA 曲线的结束点则根据结构倒塌准则确定。本书根据 FEMA-P695[166] 提出的方法，选取结构最大层间位移角作为结构性能指标 *DM*，将 IDA 曲线上某点与其前一点的连接线斜率小于 20% 的曲线初始斜率的层间位移角定义为结构的极限层间位移角。在初次出现倒塌点时，本书采用 Vamvatsikos 和 Cornell[167] 提出的 Huntfill 方法对地震动进行非等幅调幅以搜索结构倒塌点。

Huntfill 方法作为一种非等幅的地震动调幅方法，能够依据倒塌准则更加精确快速地找到结构倒塌数值点，使得绘制的 IDA 曲线能够更加准确地反映结构极限倒塌性能变化。基于上述方法，结构在 7 条地震动作用下的 IDA 曲线如图 4.8 所示。

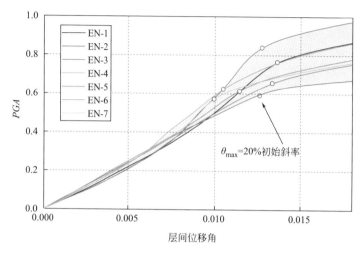

图 4.8　算例模型 IDA 曲线

根据文献［163］建议的方法，以 IM 准则将 IDA 曲线统计绘制为 16％、50％、84％百分位曲线，并将 50％百分位曲线的极限层间位移角 1/70（0.0142）作为本节损伤模型中的极限层间位移角，如图 4.9 所示。

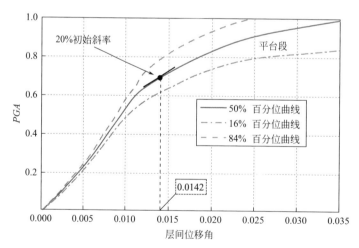

图 4.9　IDA 曲线极限层间位移角

依据多次增量动力分析的数据结果即可绘制结构能力曲线，并将多条能力曲线的面积均值作为本节损伤模型中的耗能项分母，即 $E_{USE}=281490$kJ，如图 4.10 所示。

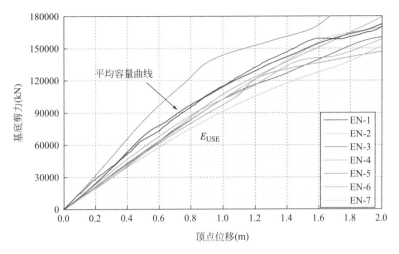

图 4.10　结构的极限应变能

结构耗能项分子为滞回耗能应变能增量 E_{AEI}，其值为结构滞回耗能与时间的比值，结构在主震及余震作用下能量时程曲线见图 4.11。其中主震耗能为 954936.34kJ，地震持时为 40s；余震耗能为 190415kJ，地震持时为 19.9s。基于上述过程可得到按照本书模型计算的整体损伤指数，主震后结构整体损伤指数为 0.850，主余震后结构整体损伤指数为 0.883。

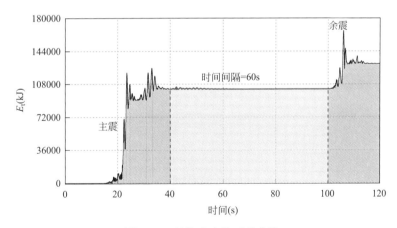

图 4.11　结构应变能时程曲线

（2）Salawu 周期损伤指数

Salawu 周期损伤指数根据公式（4.12）计算，算例模型的初始基本周期及主震、主余震作用后结构的基本周期变化如表 4.1 所示。主震及主余震作用后 Salawu 周期损伤模型的结构损伤指数如表 4.3 所示。

算例模型 Salawu 周期损伤指数   表 4.3

地震作用	主震	主余震
Salawu 周期损伤指数	0.2368	0.2368

由表 4.3 可知，Salawu 周期损伤模型的损伤指数计算值明显偏低，其原因在于对于结构自振周期为长周期的超高层结构，在遭受设防地震作用前后，结构自振周期变化并不大，故 Salawu 周期损伤指数对于长周期的超高层结构是否适用还有待研究，并且根据主震与主余震重要构件损伤变化及分布，Salawu 周期损伤指数没有考虑结构耗能对损伤指数的影响，故根据 Salawu 周期损伤指数计算的结果，主震与主余震作用后损伤指数一致。

（3）Fajfar 位移损伤指数

Fajfar 位移损伤指数根据公式（4.2）计算，该模型以结构地震顶点位移与极限顶点位移之比作为整体损伤指数。根据算例 IDA 曲线求出结构的极限顶点位移 $\delta_u = 1.658$m，顶点位移屈服值 $\delta_0 = 0.601$m，顶点位移计算值如表 4.1 所示。主震及主余震作用后 Fajfar 位移损伤指数如表 4.4 所示。

算例模型 Fajfar 位移损伤指数   表 4.4

地震作用	主震	主余震
Fajfar 位移损伤指数	0.8412	0.8412

从表 4.4 中可看出，Fajfar 位移损伤指数计算结果稍小于本书损伤指数的计算值，并且主震与主余震作用后损伤指数一致。其原因在于该模型未能考虑耗能损伤，进而使得主余震作用下的损伤指数与主震的损伤指数相同，因此仅以变形作为结构损伤评估指标过于粗略，无法体现往复荷载下累积滞回耗能的损伤。

（4）Fajfar 能量损伤指数

Fajfar 能量损伤指数根据公式（4.4）计算，该模型将地震作用下结构累积滞回耗能与结构在单调加载下的最大耗能的比值作为损伤指数。其中结构在主震及主余震下的主要计算参数及计算结果如表 4.5 所示，其中单调加载下的最大耗能根据 IDA 曲线求得。

算例模型 Fajfar 能量损伤指数参数及结果   表 4.5

结构屈服剪力 （kN）	屈服最大位移 （m）	极限最大位移 （m）	主震滞回耗能 （kJ）	主余震滞回耗能 （kJ）
61127	0.601	1.658	238734	286337

地震作用	主震	主余震
Fajfar 能量损伤指数	3.6949	4.4317

从表 4.5 中可看出，Fajfar 能量损伤指数计算结果是大于 1 的数值。其公式中分母为循环加载的滞回耗能，而滞回耗能与持续时间、加载路径、加载幅值相关，当存在持续时间非常长、幅值相对较小的地震动，其计算结果会持续增加。由于没有考虑滞回耗能中结构首次超越位移能量带来的重要影响，故其结果在某些情况下会出现不符合实际的现象。

（5）Kunnath 耗能权重的损伤指数

Kunnath 耗能权重的损伤指数根据公式（4.20）～公式（4.23）计算，该指数模型以结构层滞回耗能与楼层总滞回耗能的比值作为层损伤权重系数，最终结构的总损伤指数为楼层损伤指数与权重系数乘积后的求和。表 4.6、表 4.7 首先给出了主震及主余震后结构的楼层损伤指数，表 4.8 给出了楼层 Kunnath 耗能权重系数，Kunnath 耗能权重的损伤指数如表 4.9 所示。

算例模型主震作用后层损伤指数　　　　　　表 4.6

楼层号	$D_{SE.F}$	楼层号	$D_{SE.F}$	楼层号	$D_{SE.F}$	楼层号	$D_{SE.F}$
1	0.00806	16	0.074147	31	0.053159	46	0.079022
2	0.026606	17	0.079882	32	0.053799	47	0.06276
3	0.035581	18	0.083984	33	0.053741	48	0.05347
4	0.039718	19	0.085966	34	0.049636	49	0.167898
5	0.041978	20	0.084343	35	0.049376	50	0.282236
6	0.043997	21	0.079029	36	0.04769	51	1.143845
7	0.0441	22	0.046475	37	0.048234	52	0.914837
8	0.037779	23	0.084949	38	0.064713	53	0.348252
9	0.027725	24	0.11373	39	0.07589	54	0.112068
10	0.020688	25	1.544046	40	0.077898	55	0.077302
11	0.02521	26	1.593408	41	0.080096	56	0.060448
12	0.035747	27	0.280667	42	0.070168	57	0.073028
13	0.064199	28	0.085707	43	0.075569	58	0.083011
14	0.054899	29	0.068717	44	0.069762	59	0.077053
15	0.062685	30	0.056834	45	0.070397	60	0.393787

算例模型主余震作用后层损伤指数　　　表 4.7

楼层号	$D_{SE.F}$	楼层号	$D_{SE.F}$	楼层号	$D_{SE.F}$	楼层号	$D_{SE.F}$
1	0.00806	16	0.074147	31	0.053159	46	0.079022
2	0.026606	17	0.079882	32	0.053799	47	0.06276
3	0.035581	18	0.083984	33	0.053741	48	0.05347
4	0.039718	19	0.085966	34	0.049636	49	0.167898
5	0.041978	20	0.084343	35	0.049376	50	0.282236
6	0.043997	21	0.079029	36	0.04769	51	1.143845
7	0.0441	22	0.046475	37	0.048234	52	0.914837
8	0.037779	23	0.084949	38	0.064713	53	0.348252
9	0.027725	24	0.11373	39	0.07589	54	0.112068
10	0.020688	25	1.556537	40	0.077898	55	0.077302
11	0.02521	26	1.627823	41	0.080096	56	0.060448
12	0.035747	27	0.280667	42	0.070168	57	0.073028
13	0.064199	28	0.085707	43	0.075569	58	0.083011
14	0.054899	29	0.068717	44	0.069762	59	0.077053
15	0.062685	30	0.056834	45	0.070397	60	0.393787

算例模型 Kunnath 耗能权重系数　　　表 4.8

楼层号	λ_{fi}	楼层号	λ_{fi}	楼层号	λ_{fi}	楼层号	λ_{fi}
1	0.000822	16	0.007566	31	0.005424	46	0.008063
2	0.002715	17	0.008151	32	0.00549	47	0.006404
3	0.003631	18	0.00857	33	0.005484	48	0.005456
4	0.004053	19	0.008772	34	0.005065	49	0.017132
5	0.004283	20	0.008606	35	0.005038	50	0.0288
6	0.004489	21	0.008064	36	0.004866	51	0.116719
7	0.0045	22	0.004742	37	0.004922	52	0.093351
8	0.003855	23	0.008668	38	0.006603	53	0.035536
9	0.002829	24	0.011605	39	0.007744	54	0.011436
10	0.002111	25	0.157556	40	0.007949	55	0.007888
11	0.002572	26	0.162593	41	0.008173	56	0.006168
12	0.003648	27	0.028639	42	0.00716	57	0.007452
13	0.006551	28	0.008746	43	0.007711	58	0.008471
14	0.005602	29	0.007012	44	0.007119	59	0.007863
15	0.006396	30	0.005799	45	0.007183	60	0.040182

算例模型 Kunnath 耗能权重的损伤指数　　　　　　表 4.9

地震作用	主震	主余震
Kunnath 耗能权重的损伤指数	0.7906	0.8347

根据表 4.9 的结果，Kunnath 耗能权重的损伤指数没有考虑滞回耗能中结构首次超越位移能量带来的重要影响，但其从滞回耗能的角度取权重系数，实则考虑了薄弱层、结构刚度沿竖向分布等问题，故其计算对于超高层结构还是具有适用性的。

（6）Chung 楼层权重的损伤指数

Chung 楼层权重的损伤指数根据公式（4.24）～公式（4.25）计算，该指数模型以结构楼层位置作为结构层损伤权重系数，最终结构的总损伤指数为楼层损伤指数与权重系数乘积后的求和。主震及主余震后结构的楼层损伤指数仍按表 4.6、表 4.7 计算，表 4.10 给出了 Chung 楼层权重系数，表 4.11 给出了 Chung 楼层权重的损伤指数。

算例模型 Chung 楼层权重系数　　　　　　表 4.10

楼层号	λ_{fi}	楼层号	λ_{fi}	楼层号	λ_{fi}	楼层号	λ_{fi}
1	0.032787	16	0.02459	31	0.01694	46	0.008197
2	0.03224	17	0.024044	32	0.016393	47	0.00765
3	0.031694	18	0.023497	33	0.015847	48	0.007104
4	0.031148	19	0.022951	34	0.015301	49	0.006557
5	0.030601	20	0.032787	35	0.014754	50	0.006011
6	0.030055	21	0.022404	36	0.014208	51	0.005464
7	0.029508	22	0.021858	37	0.013661	52	0.004918
8	0.028962	23	0.021311	38	0.013115	53	0.004372
9	0.028415	24	0.020765	39	0.012568	54	0.003825
10	0.027869	25	0.020219	40	0.012022	55	0.003279
11	0.027322	26	0.019672	41	0.010929	56	0.002732
12	0.026776	27	0.019126	42	0.010383	57	0.002186
13	0.02623	28	0.018579	43	0.009836	58	0.001639
14	0.025683	29	0.018033	44	0.00929	59	0.001093
15	0.025137	30	0.017486	45	0.008743	60	0.000546

算例模型 Chung 楼层权重的损伤指数　　　　表 4.11

地震作用	主震	主余震
Chung 楼层权重的损伤指数	0.1318	0.1327

从表 4.11 中可看出，Chung 楼层权重的损伤指数计算值明显偏低，其原因在于 Chung 楼层权重依赖于楼层的竖向几何位置，楼层位置越低其权重系数越大，这对于带伸臂桁架的超高层是不适用的，这是因为加强层改变了结构竖向刚度分布的均匀性。

（7）杜-欧楼层权重的损伤指数

杜-欧楼层权重的损伤指数根据公式（4.26）～公式（4.27）计算，该指数模型以楼层顺序以及结构薄弱层损伤双参数耦合作为结构层损伤权重系数，最终结构的总损伤指数为楼层损伤指数与权重系数乘积后的求和。主震及主余震后结构的楼层损伤指数仍按表 4.6、表 4.7 计算，表 4.12 给出了杜-欧楼层权重系数，杜-欧楼层权重的损伤指数如表 4.13 所示。

算例模型杜-欧楼层权重系数　　　　表 4.12

楼层号	λ_{fi}	楼层号	λ_{fi}	楼层号	λ_{fi}	楼层号	λ_{fi}
1	0.002005	16	0.013832	31	0.006611	46	0.004914
2	0.006507	17	0.014571	32	0.006468	47	0.003642
3	0.008555	18	0.014971	33	0.006238	48	0.002882
4	0.009385	19	0.014967	34	0.005556	49	0.008352
5	0.009745	20	0.014335	35	0.005322	50	0.01287
6	0.010031	21	0.013104	36	0.004942	51	0.047418
7	0.009872	22	0.007514	37	0.004799	52	0.034132
8	0.0083	23	0.013382	38	0.00617	53	0.011549
9	0.005977	24	0.017444	39	0.006921	54	0.003252
10	0.004374	25	0.230428	40	0.006781	55	0.001923
11	0.005225	26	0.231189	41	0.006641	56	0.001253
12	0.007261	27	0.039559	42	0.005527	57	0.001211
13	0.012774	28	0.011725	43	0.005639	58	0.001032
14	0.010696	29	0.009116	44	0.004916	59	0.000639
15	0.011954	30	0.007304	45	0.004669	60	0.001632

算例模型杜-欧楼层权重的损伤指数　　　　表 4.13

地震作用	主震	主余震
杜-欧楼层权重的损伤指数	0.8552	0.8767

根据表 4.13 的结果，杜-欧楼层权重的损伤指数同时考虑了楼层分布规律以及层损伤的耦合权重，实则考虑了结构刚度沿竖向分布、薄弱层等问题。故其计算对于超高层结构还是具有适用性的，并且其计算值及变化规律与本书提出的基于应变能的结构损伤指数计算结果接近。

（8）损伤指数对比分析

图 4.12 给出了算例模型对应不同损伤指数的计算结果，为了便于与实际工程中采用的评价方法相对应，根据《抗震规范》最大层间位移角限值，图中还给出了规范损伤指数评价参考线。可以看出，Salawu 周期损伤指数、Chung 楼层权重的损伤指数、Fajfar 能量损伤指数对算例模型的计算结果与参考线偏差较多，其原因在前述已进行分析，说明对于带伸臂桁架的超高层结构，这 3 种结构损伤指数适用性较差。Kunnath 耗能权重的损伤指数、Fajfar 位移损伤指数对算例模型的计算结果略小于参考线，但 Fajfar 位移损伤指数未考虑滞回耗能对结构的影响，主震、主余震计算结果一致，这与实际不符。Kunnath 耗能权重的损伤指数没有考虑滞回耗能中结构首次超越位移能量带来的重要影响，故导致其计算值偏低。

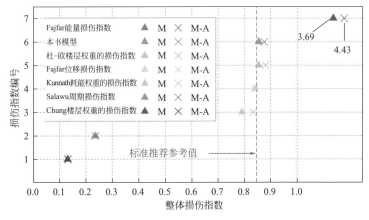

图 4.12　算例模型对应不同损伤指数的计算结果

本书提出的基于应变能的结构整体损伤指数、杜-欧楼层权重的损伤指数计算结果具有较强一致性，对算例模型的计算结果均略大于参考线，这是由于这两种指数模型均考虑了首次超越破坏和累积损伤破坏耦合作用，且主余震结构损伤指数均略大于主震结构损伤指数，这与弹塑性计算结果一致。但杜-欧楼层权重的损伤指数是基于 Park-Ang 损伤指数的改进，相较之下本书提出的模型具有相对完备的理论推导过程。

4.5　小结

本章主要研究了作为震后结构损伤评定指标的结构整体损伤指数，目的是为后续章节带伸臂桁架超高层建筑在主余震作用下结构整体评价指标提供依据。首先对目前国内外结构整体损伤指数具有代表性的 24 种模型，根据参数相关性进行分类，分别对其理论优缺点、工程适用性进行讨论。在前述已有研究成果的基础上吸收其理论合理经验，提出了基于结构应变能的结构整体损伤指数模型。通过对算例模型选取较为常用且具有典型代表性的 6 种整体损伤指数模型，与本书整体损伤指数模型进行差异性及合理性分析，检验了基于结构应变能的结构整体损伤指数模型对超高层建筑分析的合理性及工程适用性，主要结论如下：

（1）结构的损伤主要由构件的塑性变形引起，能量在反映结构构件的塑性变形时具有特有的优势，并且能很好地体现塑性变形程度的增加和塑性变形部位的扩展。能量是结构与外界环境相互作用的固有物理指标，结构的局部损伤必然导致其某种或某些能量的变化，能量指标对损伤敏感。从能量的角度分析结构在地震作用下的反应情况，不但能直观体现结构从能量吸收到耗散的全过程，更能准确反映地震强度、频谱特征与地震动持时对结构破坏造成的影响，从而很好地弥补了单一的基于力和位移的破坏准则在评价地震作用破坏机理的片面性。

（2）地震作用下建筑结构的损伤由首次超越破坏和累积损伤破坏共同影响。首次超越破坏是指结构的最大地震反应如变形和位移等力学指标首次超过规定的限值而导致结构发生突发性破坏。累积损伤破坏是由于结构在往复地震作用下，其内部产生不同程度的损伤导致结构如强度和刚度等力学性能退化，进而使结构承载力不断下降、损伤不断累积而引起的破坏。

（3）在结构整体损伤评估方法中，地震工程界普遍认同的是基于 Park-Ang 思想的整体损伤模型，该类模型考虑了首次超越破坏和累积损伤破坏的耦合作用，能够更加全面敏锐地反映结构的损伤变化，同时物理意义及损伤的量化表征也很清晰，并且绝大多数的加权系数组合法对于构件的损伤指数均为基于 Park-Ang 的构件损伤指数。但其采用了线性相加的组合方式缺乏理论推导，滞回耗能组合系数 β 基于有限的试验数据回归得到，其取值依赖于结构的类型和研究人员所考虑的因素，因此目前组合系数的取值离散性较大，变形和耗能的权重分配还需进一步完善。

（4）结构地震反应是一个从静态到动态、随时间变化的非线性变化过程，从能量的角度讲，结构动力反应的过程可以理解为应变能的传递及释放过程，且整个过程都是应变能起主导作用。本书基于结构应变能，提出了结构整体损伤指数模型，同时考虑了首次超越破坏和累积损伤破坏的耦合作用。相较于同类结构损伤指数模型具有相对完备的理论推导过程，通过与具有代表性的损伤指数模型进行标准条件下的对比分析，验证了本书损伤指数模型的合理性及工程适用性。

▪第**5**章▪

主余震作用下带伸臂桁架
超高层抗震性能分析

5.1 引言

    结构在遭受地震事件时，经历主震作用会产生一定的结构损伤，在继而发生的强余震作用下产生的附加损伤会使结构损伤加强或产生更为严重的破坏，这在已有大量震害调查中已得到证实[86-89]。当需要考虑强余震对结构抗震性能的影响时，首先就需要研究清楚余震对结构反应的影响。根据现有研究成果不难看出，虽然超高层建筑近年来成为结构抗震性能研究的一大热点，但由于结构自身单元数量巨大、计算成本高等特点，其对于超高层建筑主余震序列的非弹性反应分析多集中于单个的建筑，而对于像 240m 高度带伸臂桁架超高层建筑，系统性地对其进行主余震的研究几乎处于空白。随着我国超高层建筑的飞速发展，我国对超高层建筑的审查控制目前以超限高层结构抗震审查制度作为保障，然而系统地对某一类超高层建筑进行研究依然显得尤为重要，可以为结构风险性评估和震后决策的制定提供依据。

    根据本书前述研究成果，分别从余震地震动参数衰减关系、为保证结构响应地震动的选择方法以及主余震地震动序列构造等方面系统地提出了主余震序列问题。通过对伸臂桁架节点试验研究，明确了伸臂桁架在地震作用下的损伤机理，并在此基础上根据数值模拟结果，确定了基于滞回耗能的钢材本构更符合伸臂桁架破坏模式的试验结果，从而保证了有限元计算的可靠性。结构整体损伤以及易损性等分析需要采用合理的地震动参数与结构反映指标，由于最大位移并不是衡量结构累积损伤效应的合理参数，且结构累积损伤效应是主余震对结构影响的关键，需要在主余震损伤及易损性研究中考虑主余震的累积损伤效应，给出结构主余震损伤及易损性结果。因此，根据前述的研究成果，本章采用基于结构应变能的结构整体损伤指数作为后续损伤及易损性分析的依据。

    本章共选取 600 组（其中不同的模型对应有相同的地震动记录，但由于场地类别、断层距等因素，余震调幅系数不同）主余震序列，结合本书提出的主余震

126

峰值加速度比值的预测公式对实际记录进行调幅。本书以设防烈度、场地类别、断层距作为主要地震动参数，对实际主余震地震动进行分组。分别对由主要地震动参数建立的、具有代表性的 240m 高度带伸臂桁架超高层结构进行主余震非弹性反应分析，对主震及主余震共计 1200 个有限元模型进行比较分析。分析余震对增量损伤的影响、主震受损程度对增量损伤的影响、结构动力特性对损伤增量的影响等主要影响特征，并给出损伤增量在本书主要地震动参数下的损伤概率分布规律。结合损伤分布规律，对核心筒剪力墙、伸臂桁架等关键构件损伤状况及楼层耗能分布进行统计分析。

5.2　结构模型及地震记录

在进行结构地震反应分析时，不同的设防烈度、地震分组、场地类型、结构动力特性以及地震动都会得到不同的结果。本章将考虑随机性的影响，根据我国现行的设计标准从房屋高度、结构高宽比、核心筒高宽比、性能设计准则、避难层的布置原则（在避难层设置伸臂桁架）、主要构件尺度控制、立面层高等方面考虑，尽可能地接近实际工程，选取具有代表性的带伸臂桁架框筒结构作为分析目标。

5.2.1　根据《抗震规范》地震动参数的模型分组

根据我国《抗震规范》[7]，结构的地震作用计算根据结构的地震影响系数确定，见图 5.1。建筑结构的地震影响系数根据设防烈度、场地类别、设计地震分组和结构自振周期以及阻尼比确定。其中结构自振周期及阻尼比为结构的固有属性，系统选取具有代表性的带伸臂桁架框筒结构，主要依赖于设防烈度、场地类别、设计地震分组这三个地震动参数。

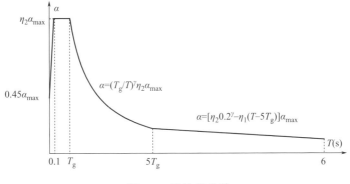

图 5.1　设计反应谱

设防烈度可分为 6 度（0.05g）、7 度（0.10g）、7 度（0.15g）、8 度（0.20g）、8 度（0.30g）、9 度（0.40g）共 6 个。根据典型模型试算结果，当设防烈度小于等于 7 度（0.15g）时，对于 240m 高度的超高层建筑采用框架-核心筒结构即可满足结构所需的刚度，不需要再设置伸臂桁架。当设防烈度为 9 度（0.40g）时，对于 240m 高度的超高层建筑即使设置伸臂桁架也不能满足结构所需的刚度，故我国对于 9 度（0.40g）设防烈度下是否设计超高层建筑有严格限制。故 240m 高度带伸臂桁架超高层建筑的应用和分布基本就集中在 8 度（0.20g）、8 度（0.30g）两个设防目标区域，根据本书调研取得的成果——国内 200m 以上超高层建筑的结构形式现状（表 1.1）也可证明以上结论。场地类别、设计地震分组双参数之间相互耦合，根据图 5.1 可以看出，在计算结构地震作用时主要依据耦合结果特征周期值，见表 5.1。

《抗震规范》特征周期取值（单位：s） 表 5.1

设计地震分组	场地类别				
	I_0	I_1	II	III	IV
第一组	0.20	0.25	0.35	0.45	0.65
第二组	0.25	0.30	0.40	0.55	0.75
第三组	0.30	0.35	0.45	0.65	0.90

由表 5.1 可以看出，我国《抗震规范》对于特征周期给出了 0.20～0.90 共 10 个取值，这主要是基于《抗震规范》包络性的要求。现行国家标准《中国地震动参数区划图》GB 18306[168] 给出了全国各省（自治区、直辖市）乡镇人民政府所在地、县级以上城市，包括辖区街道的基本地震动峰值加速度和基本地震动加速度反应谱特征周期，通过对其进行总结，可以得出我国各地区总体的地震动峰值加速度和基本地震动加速度反应谱特征周期范围，见表 5.2。

现行国家标准《中国地震动参数区划图》GB 18306 我国各地区地震动峰值加速度和特征周期

表 5.2

行政区域名称	峰值加速度(g)	反应谱特征周期 T_g(s)
北京市	0.10～0.20	0.40～0.45
天津市	0.15～0.20	0.40～0.45
河北省	0.05～0.20	0.35～0.45
山西省	0.05～0.30	0.35～0.45
内蒙古自治区	0.05～0.20	0.35～0.45
辽宁省	0.05～0.20	0.35～0.45
吉林省	0.05～0.20	0.35
黑龙江省	0.05～0.20	0.35

行政区域名称	峰值加速度(g)	反应谱特征周期 T_g(s)
上海市	0.10	0.40
江苏省	0.05~0.30	0.35~0.45
浙江省	0.05~0.10	0.35~0.40
安徽省	0.05~0.20	0.35~0.45
福建省	0.05~0.20	0.35~0.45
江西省	0.05~0.10	0.35
山东省	0.05~0.30	0.35~0.45
河南省	0.05~0.20	0.35~0.45
湖北省	0.05~0.10	0.35~0.40
湖南省	0.05~0.15	0.35~0.40
广东省	0.05~0.20	0.35~0.40
广西壮族自治区	0.05~0.20	0.35~0.45
海南省	0.05~0.30	0.35~0.40
重庆市	0.05~0.10	0.35
四川省	0.05~0.40	0.35~0.45
贵州省	0.05~0.15	0.35~0.45
云南省	0.05~0.40	0.35~0.45
西藏自治区	0.10~0.30	0.35~0.45
陕西省	0.05~0.20	0.35~0.45
甘肃省	0.05~0.30	0.35~0.45
青海省	0.10~0.30	0.40~0.45
宁夏回族自治区	0.05~0.40	0.40~0.45
新疆维吾尔自治区	0.05~0.40	0.35~0.45

由表 5.2 可以看出，全国各省（自治区、直辖市）乡镇人民政府所在地、县级以上城市，包括辖区街道的基本地震动加速度反应谱特征周期均集中在 0.35~0.45s 这个区间，由此即可对 240m 高度带伸臂桁架超高层建筑根据抗震设防要求选取具有表 5.3 所示的 6 种代表性模型。

根据地震动参数的模型分组　　　　　　　　　表 5.3

设防烈度	T_g=0.35s	T_g=0.40s	T_g=0.45s
8 度(0.20g)	S-model 1	S-model 2	S-model 3
8 度(0.30g)	S-model 4	S-model 5	S-model 6

5.2.2　分析模型主要信息

根据建筑结构设计规范以及前述地震动参数分组，分别建立了 6 个标准化结构模型。多遇地震、设防地震弹性计算及初步配筋设计采用 YJK 结构设计软件,最终配筋计算及相关构造均满足《超限高层建筑工程抗震设防专项审查技术要点》及《抗震规范》要求。弹塑性分析采用 Abaqus 软件进行,标准化模型的主要抗震控制参数详见表 5.4。

标准化模型的主要抗震控制参数   表 5.4

地上层数	结构高度	结构宽度	等效高宽比
60F	237.6m	40m	5.94
核心筒宽度	核心筒高宽比	结构类型	
22m	10.8	带伸臂桁架框架-核心筒结构	
设防类别	结构安全等级	抗震等级	性能目标
重点设防类	一级	特一级~一级	C

具体平面、立面布置及尺寸详见图 5.2~图 5.4,由于建筑防火及功能需求,建筑物分别在 13 层、26 层、39 层、52 层共设置 4 个避难层,根据刚度需求在部分避难层设置伸臂桁架加强层,这也是接近实际工程的做法。标准层层高 3.90m,避难层层高 4.80m。

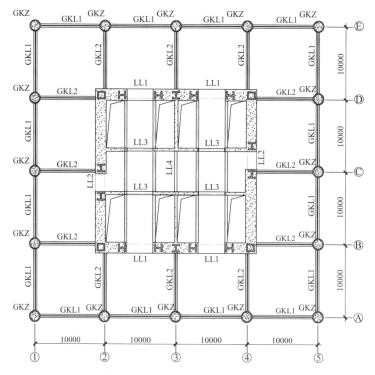

图 5.2 标准模型 S-model 1~6 典型平面图(单位:mm)

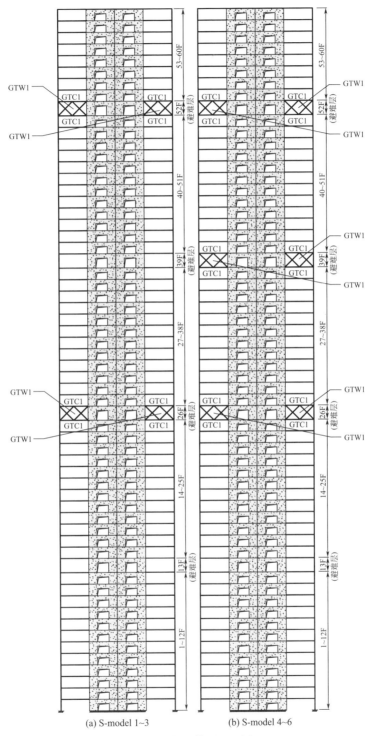

(a) S-model 1~3　　　　　　(b) S-model 4~6

图 5.3　标准模型立面图

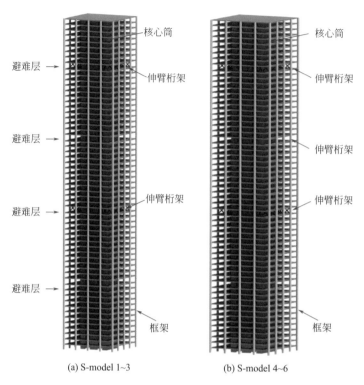

(a) S-model 1~3   (b) S-model 4~6

图 5.4　标准模型三维图

　　结构楼板厚度为标准层 120mm、避难层 150mm、带伸臂桁架上下楼层 180mm、顶层屋盖 150mm。其余主要构件截面（截面编号见图 5.2）及材料信息如表 5.5 所示。标准层主要选取荷载为：恒荷载 5.0kN/m²、活荷载 3.0kN/m²。

标准模型主要构件及材料信息表   表 5.5

标准模型	核心筒		框架柱、框架梁	伸臂桁架
	剪力墙厚度	主要连梁		
S-model 1	核心筒外墙： 1~22F 1200mm 23~48F 1100mm 49~60F 1000mm 核心筒内墙： 1~60F 400mm 混凝土： 1~27F C60 28~54F C50 55~60F C40 型钢及钢筋： Q355GJ/HRB500	LL1(SRC)： $B \times H =$ $(1200 \sim 1000)$mm$\times$ 800mm LL2(SRC)： $B \times H =$ $(1200 \sim 1000)$mm$\times$ 500mm 型钢及钢筋： Q355GJ HRB500	框架柱：(CFT) $\Phi 1500 \times 30$mm 框架梁：(Steel) GKL1： H600$\times$400$\times$16$\times$25 GKL2： H550$\times$350$\times$16$\times$25 型钢及混凝土： Q355GJ C40~C60	加强层数： 两道伸臂桁架 (26F、52F) 桁架形式：XX 桁架弦杆：(Steel) GTC1： H550$\times$400$\times$30$\times$50 桁架腹杆：(Steel) GTW1： H550$\times$400$\times$30$\times$40 型钢： Q355GJ

标准模型	核心筒		框架柱、框架梁	伸臂桁架
	剪力墙厚度	主要连梁		
S-model 2	核心筒外墙： 1～22F 1200mm 23～48F 1100mm 49～60F 1000mm 核心筒内墙： 1～60F 400mm 混凝土： 1～27F C60 28～54F C50 55～60F C40 型钢及钢筋： Q355GJ/HRB500	LL1(SRC)： $B \times H =$ (1200～1000)mm× 900mm LL2(SRC)： $B \times H =$ (1200～1000)mm× 600mm 型钢及钢筋： Q355GJ HRB500	框架柱：(CFT) $\Phi 1500 \times 30$mm 框架梁：(Steel) GKL1： H600×400×16×25 GKL2： H550×350×16×25 型钢及混凝土： Q355GJ C40～C60	加强层数： 两道伸臂桁架 (26F、52F) 桁架形式：XX 桁架弦杆：(Steel) GTC1： H550×400×30×50 桁架腹杆：(Steel) GTW1： H550×400×30×40 型钢： Q355GJ
S-model 3	核心筒外墙： 1～22F 1200mm 23～48F 1100mm 49～60F 1000mm 核心筒内墙： 1F～60F 400mm 混凝土： 1～27F C60 28～54F C50 55～60F C40 型钢及钢筋： Q355GJ/HRB500	LL1(SRC)： $B \times H =$ (1200～1000)mm× 1000mm LL2(SRC)： $B \times H =$ (1200～1000)mm× 700mm 型钢及钢筋： Q355GJ HRB500	框架柱：(CFT) $\Phi 1500 \times 30$mm 框架梁：(Steel) GKL1： H600×400×16×25 GKL2： H550×350×16×25 型钢及混凝土： Q355GJ C40～C60	加强层数： 两道伸臂桁架 (26F、52F) 桁架形式：XX 桁架弦杆：(Steel) GTC1： H550×400×30×50 桁架腹杆：(Steel) GTW1： H550×400×30×40 型钢： Q355GJ
S-model 4	核心筒外墙： 1～22F 1500mm 23～48F 1300mm 49～60F 1100mm 核心筒内墙： 1～60F 400mm 混凝土： 1～27F C60 28～54F C50 55～60F C40 型钢及钢筋： Q355GJ/HRB500	LL1(SRC)： $B \times H =$ (1200～1000)mm× 800mm LL2(SRC)： $B \times H =$ (1200～1000)mm× 500mm 型钢及钢筋： Q355GJ HRB500	框架柱：(CFT) $\Phi 1500 \times 30$mm 框架梁：(Steel) GKL1： H600×400×16×25 GKL2： H550×350×16×25 型钢及混凝土： Q355GJ C40～C60	加强层数： 三道伸臂桁架 (26F、39F、52F) 桁架形式：XX 桁架弦杆：(Steel) GTC1： H550×400×30×50 桁架腹杆：(Steel) GTW1： H550×400×30×40 型钢： Q355GJ

续表

标准模型	核心筒		框架柱、框架梁	伸臂桁架
	剪力墙厚度	主要连梁		
S-model 5	核心筒外墙： 1～22F 1500mm 23～48F 1300mm 49～60F 1100mm 核心筒内墙： 1～60F 400mm 混凝土： 1～27F C60 28～54F C50 55～60F C40 型钢及钢筋： Q355GJ/HRB500	LL1(SRC)： $B \times H =$ (1200～1000)mm× 900mm LL2(SRC)： $B \times H =$ (1200～1000)mm× 600mm 型钢及钢筋： Q355GJ HRB500	框架柱：(CFT) $\Phi 1500 \times 30$mm 框架梁：(Steel) GKL1： H600×400×16×25 GKL2： H550×350×16×25 型钢及混凝土： Q355GJ C40～C60	加强层数： 三道伸臂桁架 (26F、39F、52F) 桁架形式：XX 桁架弦杆：(Steel) GTC1： H550×400×30×50 桁架腹杆：(Steel) GTW1： H550×400×30×40 型钢： Q355GJ
S-model 6	核心筒外墙： 1～22F 1500mm 23～48F 1300mm 49～60F 1100mm 核心筒内墙： 1～60F 400mm 混凝土： 1～27F C60 28～54F C50 55～60F C40 型钢及钢筋： Q355GJ/HRB500	LL1(SRC)： $B \times H =$ (1200～1000)mm× 1000mm LL2(SRC)： $B \times H =$ (1200～1000)mm× 700mm 型钢及钢筋： Q355GJ HRB500	框架柱：(CFT) $\Phi 1500 \times 30$mm 框架梁：(Steel) GKL1： H600×400×16×25 GKL2： H550×350×16×25 型钢及混凝土： Q355GJ C40～C60	加强层数： 三道伸臂桁架 (26F、39F、52F) 桁架形式：XX 桁架弦杆：(Steel) GTC1： H550×400×30×50 桁架腹杆：(Steel) GTW1： H550×400×30×40 型钢： Q355GJ

5.2.3　有限元分析模型及本构关系

为了保证最终评价时结构损伤能够更加真实地反映地震动的随机反应，对 6 个标准模型尽可能地使其初始结构的动力参数近似。对于结构在弹性阶段的动力特性选择层间位移角作为评价指标，结构的刚度主要通过核心筒墙厚、连梁以及伸臂桁架参数调节。根据《抗震规范》，结构在弹性阶段的允许层间位移角限值为 1/537。标准模型在初始弹性阶段的刚度如表 5.6 所示，可以明显看出结构在弹性阶段满足《抗震规范》允许层间位移角限值，且结构在不同作用下，不同的标准模型均表现出近似刚度反应。为了保证计算模型的有效性，在采用 Abaqus 软件进行弹塑性分析前，首先对弹性计算结果进行验证，表 5.6 给出了结构主要周期对比，可以看出弹性分析模型验证有效，与 YJK 软件弹性阶段主要周期相差小于 2%。

标准模型弹性阶段主要动力特性 表 5.6

标准模型	结构阻尼比	结构主要周期(s)		最大层间位移角
		YJK	Abaqus	
S-model 1	0.04	T1=5.6216(X)	T1=5.5948(X)	1/543(X)
		T2=5.3815(Y)	T2=5.3325(Y)	1/561(Y)
		T3=4.0986(T)	T3=4.0001(T)	
		T4=1.6912(X)	T4=1.7012(X)	
		T5=1.4626(Y)	T5=1.4886(Y)	
		T6=1.3404(T)	T6=1.3601(T)	
S-model 2	0.04	T1=5.6213(X)	T1=5.9837(X)	1/545(X)
		T2=5.3812(Y)	T2=5.2997(Y)	1/567(Y)
		T3=4.0981(T)	T3=4.1021(T)	
		T4=1.6906(X)	T4=1.7006(X)	
		T5=1.4601(Y)	T5=1.4403(Y)	
		T6=1.3185(T)	T6=1.2585(T)	
S-model 3	0.04	T1=5.6210(X)	T1=5.6021(X)	1/547(X)
		T2=5.3808(Y)	T2=5.3325(Y)	1/571(Y)
		T3=4.0976(T)	T3=4.0014(T)	
		T4=1.6886(X)	T4=1.6521(X)	
		T5=1.4497(Y)	T5=1.4021(Y)	
		T6=1.3001(T)	T6=1.2937(T)	
S-model 4	0.04	T1=4.3625(X)	T1=4.4012(X)	1/541(X)
		T2=4.2647(Y)	T2=4.2866(Y)	1/542(Y)
		T3=1.9222(T)	T3=1.8725(T)	
		T4=1.1378(X)	T4=1.2021(X)	
		T5=0.9978(Y)	T5=0.9875(Y)	
		T6=0.6510(T)	T6=0.6413(T)	
S-model 5	0.04	T1=4.3621(X)	T1=4.4215(X)	1/546(X)
		T2=4.2641(Y)	T2=4.2836(Y)	1/548(Y)
		T3=1.9219(T)	T3=1.9010(T)	
		T4=1.1369(X)	T4=1.1201(X)	
		T5=0.9973(Y)	T5=0.9032(Y)	
		T6=0.6491(T)	T6=0.6874(T)	

标准模型	结构阻尼比	结构主要周期(s)		最大层间位移角
		YJK	Abaqus	
S-model 6	0.04	T1=4.3618(X)	T1=4.4025(X)	1/551(X)
		T2=4.2638(Y)	T2=4.2600(Y)	1/552(Y)
		T3=1.9214(T)	T3=1.1897(T)	
		T4=1.1350(X)	T4=1.1267(X)	
		T5=0.9961(Y)	T5=0.9838(Y)	
		T6=0.6450(T)	T6=0.6347(T)	

采用 Abaqus 软件进行弹塑性计算分析，钢筋混凝土梁柱单元采用自主开发的混凝土材料用户子程序进行模拟。在本章的弹塑性分析过程中，考虑以下非线性因素：

（1）几何非线性：结构的平衡方程建立在结构变形后的几何状态上，P-Δ 效应、非线性屈曲效应、大变形效应等都得到全面考虑；

（2）材料非线性：直接采用材料非线性应力-应变本构关系模拟钢筋、钢材及混凝土的弹塑性特性，可以有效模拟构件的弹塑性发生、发展以及破坏的全过程；

（3）施工过程非线性：本结构为超高层钢筋混凝土结构，细致的施工模拟与结构的实际受力状态更为接近，分析中按照整个工程的建造过程，当存在加强层时分为不同的施工阶段，待主体根据施工阶段分别激活并进行初始刚度的加载和计算后，再激活结构伸臂桁架并加载计算，全过程采用"单元生死"技术进行模拟。

需要指出的是，上述所有非线性因素在计算开始时即被引入，且贯穿整个分析的全过程。

标准模型结构弹塑性分析整体结构的三维模型如图 5.5 所示。

在构建弹塑性分析模型的过程中，采用的方法及假定如下：

（1）模型的几何信息：弹塑性分析模型为了保证计算精度，在对模型网格划分时需要保证有足够的密度，分别对剪力墙、梁、柱、楼板、伸臂桁架等进行网格划分。网格划分完成后，S-model 1～3 标准模型的 Abaqus 模型所有单元共计251844 个，剪力墙、楼板壳单元共计 202828 个。S-model 4～6 标准模型的 Abaqus 模型所有单元共计 255768 个，剪力墙、楼板壳单元共计 206004 个。可以通过图 5.5 看出，模型单元划分质量优良、网格密度足够精细。

（2）模型的材料参数：混凝土材料强度及应力-应变关系参照我国《抗震规范》规定采用，钢材强度及应力-应变关系根据本书第 3 章相关试验及分析研究

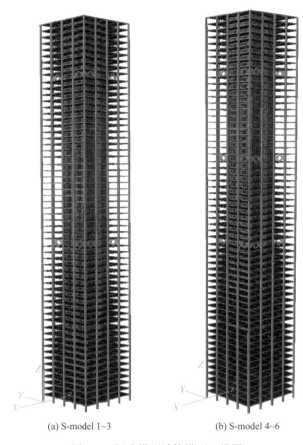

(a) S-model 1~3　　　　　　　　(b) S-model 4~6

图 5.5　标准模型计算模型三维图

结果选取本构关系。

（3）楼板模拟：对于所有楼层采用弹性楼板（壳单元模拟）假定，并按照实际输入楼板厚度。

（4）结构质量分布模拟：与弹性设计模型一致，直接将质量及荷载计入相应构件中。

（5）剪力墙的模拟：剪力墙采用钢筋混凝土材料的墙体（分层壳单元）模拟。

根据结构构件的受力及弹塑性行为，主要选用的单元形式有：四边形或三角形缩减积分壳单元，用于模拟核心筒剪力墙、连梁和楼板等。剪力墙及楼板内的钢筋采用嵌入单向作用的钢筋膜进行模拟，如图 5.6 所示。

梁单元用于模拟结构楼面梁、柱、桁架。在 Abaqus 软件中，该单元基于 Timoshenko 梁理论，可以考虑剪切变形刚度，而且计算过程中单元刚度通过在截面内和长度方向两次动态积分得到。对于重力（施工过程中）下两端铰接的构

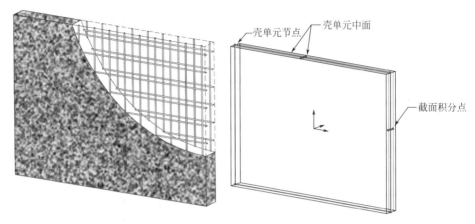

图 5.6　剪力墙及内部钢筋模拟示意图

件（如楼面钢梁等），采用释放自由度的方法进行模拟。对于钢筋混凝土型钢混凝土梁、钢管混凝土柱单元，其配筋及配置型钢采用在相应位置嵌入钢筋或型钢纤维进行模拟，如图 5.7 所示。

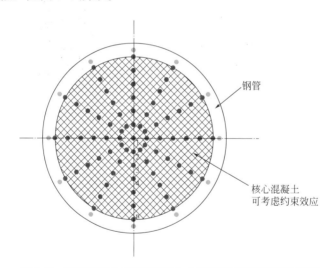

图 5.7　钢筋混凝土/型钢混凝土内部配筋/型钢模拟示意图

本工程中主要有两类基本材料，即混凝土和钢材。计算中采用的本构模型依次为：

（1）混凝土

采用弹塑性损伤模型，该模型能够考虑混凝土材料拉压强度差异、刚度及强度退化以及拉压循环裂缝闭合呈现的刚度恢复等性质。计算中混凝土材料轴心抗压和轴心抗拉强度标准值按现行国家标准《混凝土结构设计规范》GB 50010 表

4.1.3 取值。

需要指出的是，偏保守考虑，计算中混凝土均不考虑截面内横向箍筋的约束增强效应，仅采用规范中建议的素混凝土参数。混凝土本构关系曲线如图 5.8～图 5.10 所示。

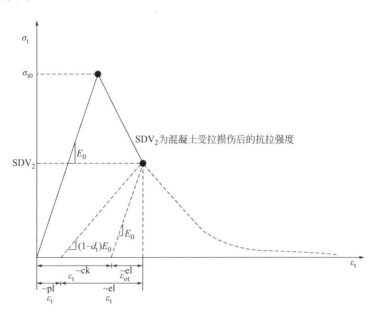

图 5.8　混凝土受拉应力-应变曲线及损伤示意图

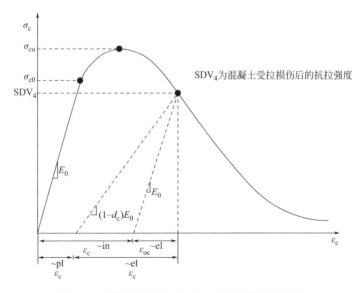

图 5.9　混凝土受压应力-应变曲线及损伤示意图

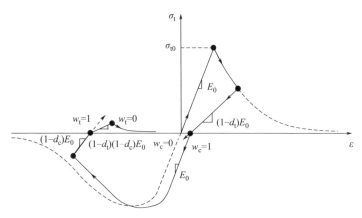

图 5.10　混凝土拉压刚度恢复示意图

图 5.10 给出了计算用混凝土拉压刚度恢复示意图，可以看出，当荷载从受拉变为受压时，混凝土材料的裂缝闭合，抗压刚度恢复至原有的抗压刚度；当荷载从受压变为受拉时，混凝土材料的抗拉刚度不恢复。

伴随着混凝土材料进入塑性状态程度的大小，其刚度逐渐降低，在弹塑性损伤本构模型中上述刚度的降低分别由受拉损伤因子 d_t 和受压损伤因子 d_c 来表达。采用 Najar 的损伤理论，脆性固体材料的损伤定义如下，如图 5.11 所示：

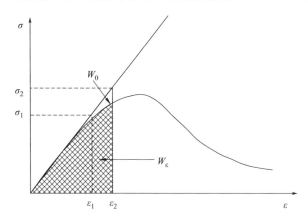

图 5.11　Najar 的损伤定义示意图

$$D = \frac{W_0 - W_\varepsilon}{W_0} \tag{5.1}$$

$$W_0 = \frac{1}{2}\varepsilon : E_0 : \varepsilon, \; W_\varepsilon = \frac{1}{2}\varepsilon : E_\varepsilon : \varepsilon \tag{5.2}$$

式中　W_0——无损材料的应变能密度；

　　　W_ε——损伤材料的应变能密度；

E_0——无损材料的四阶弹性系数张量；

E_ε——损伤材料的四阶弹性系数张量；

ε——相应的二阶应变张量。

结合现行国家标准《混凝土结构设计规范》GB 50010 附录 C 的建议曲线，本书中混凝土单轴应力状态的损伤因子与应变关系图，如图 5.12 所示。

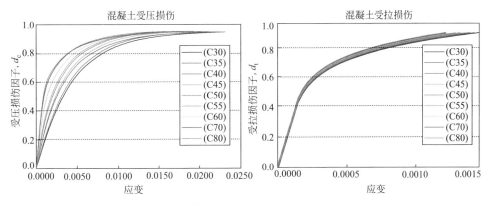

图 5.12　混凝土材料受压/受拉损伤因子-应变关系曲线

由图 5.12 可看出，材料拉、压弹性阶段相应的损伤因子为 0，材料进入弹塑性阶段后损伤因子增长较快。研究表明，混凝土材料的非线性行为主要由损伤演化（微孔洞和微裂缝的发展、融合和贯通等）来控制，混凝土材料与结构的失效破坏是以裂纹生成、扩展及沿裂纹面的摩擦滑动为特征。

（2）钢材

根据本书第 3 章的研究成果，对于带伸臂桁架超高层建筑，钢材的本构采用基于有效累积滞回耗能影响强度退化的应力应变关系（图 5.13），相关参数根据前述试验结果确定。

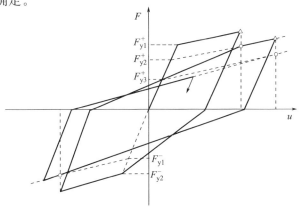

图 5.13　钢材本构模型示意图

5.2.4 地震记录及激励方式

天然地震动记录的选取以实测台站所在地震动发生时地震分组、场地类型作为依据，表 5.7 给出了不同标准模型地震动记录的选取参数。每个标准模型均根据本书 2.4 节给出的主余震地震动挑选及构造方法，选择 100 组天然地震动记录（同一台站的双向地震记录），采用主震激励、主余震激励分别对结构进行弹塑性反应分析。激励方式采用双向激励模式，将结构的两个平面主轴方向分别作为主轴进行激励，主方向与次方向最大峰值加速度比值为 1.00：0.85。

标准模型地震动激励参数表 　　　　　表 5.7

标准模型		S-model 1	S-model 2	S-model 3	S-model 4	S-model 5	S-model 6
设防烈度		8 度 (0.20g)	8 度 (0.20g)	8 度 (0.20g)	8 度 (0.30g)	8 度 (0.30g)	8 度 (0.30g)
$T_g=0.35s$	场地类别	I_1	\	\	I_1	\	\
	地震分组	第三组	\	\	第三组	\	\
	场地类别	II	\	\	II	\	\
	地震分组	第一组	\	\	第一组	\	\
$T_g=0.40s$	场地类别	\	II	\	\	II	\
	地震分组	\	第二组	\	\	第二组	\
$T_g=0.45s$	场地类别	\	\	II	\	\	II
	地震分组	\	\	第三组	\	\	第三组
	场地类别	\	\	III	\	\	III
	地震分组	\	\	第一组	\	\	第一组
主震峰值加速度		400gal	400gal	400gal	510gal	510gal	510gal
余震地震动相对 强度系数		0.6016	0.6939	0.6939	0.6296	0.7261	0.7261
		0.6939		0.7708	0.7261		0.806
天然地震动激励组数		100 组	100 组	100 组	100 组	100 组	100 组

根据地震发生的实际现象，结构在遭受主震作用下处于静止状态后，再次遭受余震的继续作用。为了更好地模拟这一现象，在主震与余震之间设置两次地震作用的时间间隔，如果主余震地震动之间不设置时间间隔或时间间隔太短，在余震开始作用时结构可能还未将速度和加速度恢复为零，这与实际现象不符。如果主余震之间时间间隔太长，则会影响计算效率。文献［130］以实际天然主余震地震动为例，研究了时间间隔对结构响应的影响。由于本书选取的地震动记录数

量较大，综合考虑地震动时间间隔对结构的响应影响及计算效率，本书将主余震
地震动的时间间隔定为 60s，如图 5.14 所示。

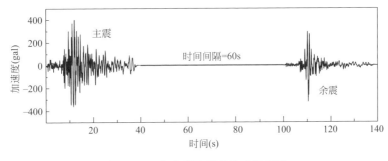

图 5.14　主余震地震动构造示意图

图 5.15 给出对标准模型 S-model 1～6 激励选取的主震及主余震序列地震动
的反应谱。根据图中平均谱与规范谱的比较，可以看出地震动对不同的标准模型
激励满足地震动选择要求。

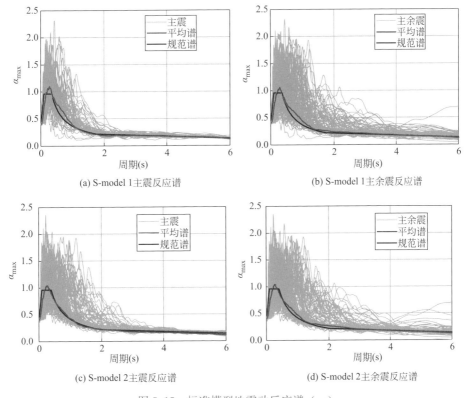

图 5.15　标准模型地震动反应谱（一）

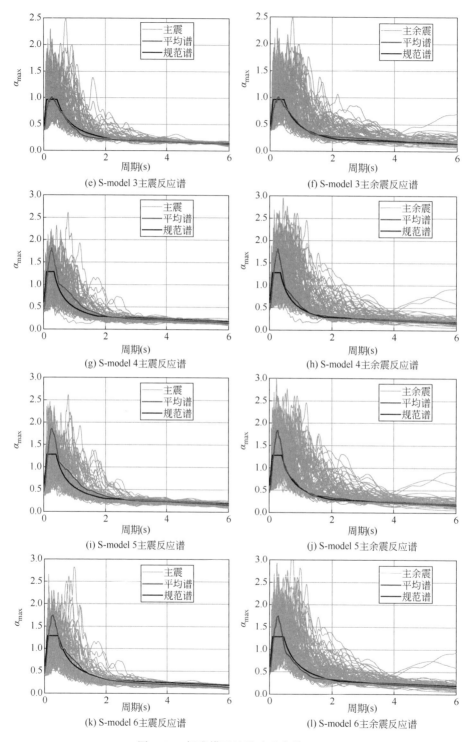

(e) S-model 3主震反应谱

(f) S-model 3主余震反应谱

(g) S-model 4主震反应谱

(h) S-model 4主余震反应谱

(i) S-model 5主震反应谱

(j) S-model 5主余震反应谱

(k) S-model 6主震反应谱

(l) S-model 6主余震反应谱

图5.15　标准模型地震动反应谱（二）

由图5.15标准模型地震动反应谱可以看出，主余震序列反应谱相较于主震反应谱，在中长周期的结构响应离散性增加。故强余震会使结构的损伤增加，可预测性减小。

5.3　主余震作用下损伤指数的变化规律

经历主震后的受损结构继而受到强余震作用，其结构损伤增加也受到余震地震动的随机响应。由于结构的损伤受地震随机分布的影响较大，以数量有限的地震动反映结构地震响应会造成难以忽略的系统性误差。为了更好地衡量结构在地震后的损伤，许多学者[169-172]将概率和结构损伤相结合，用以确定结构在特定强度分类的主余震地震作用下的损伤概率，进一步判断结构在主震地震作用下和主余震地震作用下的损伤指数分布和损伤增量超越概率，评价结构的概率主震和概率主余震安全性能。

5.3.1　结构整体损伤指数分布

通过对1200个计算样本进行统计分析，图5.16给出了基于烈度、标准模型等参数下结构整体损伤指数的分布。

由图5.16可以看出，主余震序列相较于主震，结构整体损伤指数增加趋势明显。但也存在很大一部分主余震序列相较于主震，结构整体损伤指数没有变化，这个结果与大量的震害调查结果是相一致的。

通过统计分析可以得出：本书选择的数值分析模型在天然主余震地震动序列下，当设防烈度为8度（$0.20g$）时，主余震序列引起的结构整体损伤指数等于主震引起的结构整体损伤指数，即余震没有导致结构损伤指数增加的概率为72.33%；当设防烈度为8度（$0.30g$）时，余震没有导致结构损伤指数增加的概率为72.67%；设防烈度为8度（$0.20g$）、场地特征周期为0.35s时余震没有导致结构损伤指数增加的概率为75.00%；设防烈度为8度（$0.20g$）、场地特征周期为0.40s时余震没有导致结构损伤指数增加的概率为73.00%；设防烈度为8度（$0.20g$）、场地特征周期为0.45s时余震没有导致结构损伤指数增加的概率为69.00%；设防烈度为8度（$0.30g$）、场地特征周期为0.35s时余震没有导致结构损伤指数增加的概率为76.00%；设防烈度为8度（$0.30g$）、场地特征周期为0.40s时余震没有导致结构损伤指数增加的概率为71.00%；设防烈度为8度（$0.30g$）、场地特征周期为0.45s时余震没有导致结构损伤指数增加的概率为68.00%。

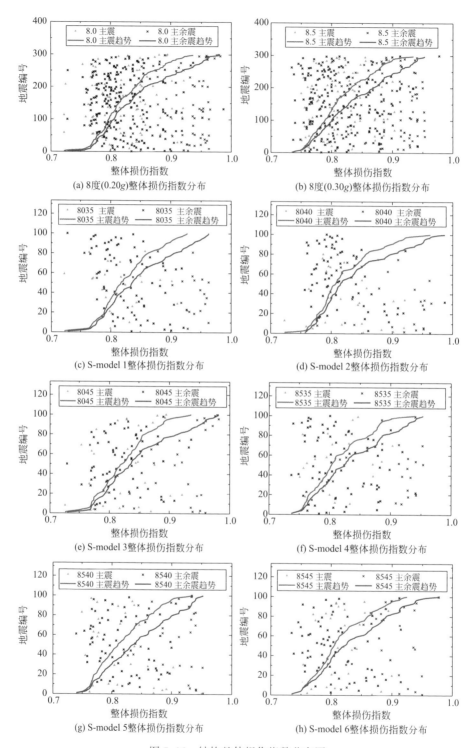

(a) 8度(0.20g)整体损伤指数分布

(b) 8度(0.30g)整体损伤指数分布

(c) S-model 1整体损伤指数分布

(d) S-model 2整体损伤指数分布

(e) S-model 3整体损伤指数分布

(f) S-model 4整体损伤指数分布

(g) S-model 5整体损伤指数分布

(h) S-model 6整体损伤指数分布

图5.16 结构整体损伤指数分布图

5.3.2 损伤指数的变化规律

已有的大量研究表明，结构地震反应的变形服从对数正态分布，也就是说结构的位移对数值服从正态分布。但是对于结构整体损伤指数，特别是考虑滞回耗能的整体损伤指数是否服从对数正态分布，需要对其分布函数进行验证。

验证分布函数是否满足正态分布的常用方法为概率图法。概率图法又可分为：正态概率图、对数正态概率图以及全概率图，其中，对数正态概率图可由正态概率图通过取其对数值获得，普遍用于验证正态分布和对数正态分布。参考现有相对成熟的研究成果，本章假定结构的整体损伤指数服从对数正态分布，并采用对数正态概率图法对其进行验证。

对数正态概率图法验证分布函数的原理如下：

（1）首先将主震、主余震序列地震动下的结构损伤指数根据大小进行排序，即可得到初始样本序列。其中序列中第 i 个数对应的损伤指数为 D_{SEi}。

（2）计算每个损伤指数 D_{SEi} 的对数值，作为横坐标；其相应的累积概率为 $i/(N+1)$，作为纵坐标。最终将损伤指数样本序列绘制在概率图中。

图 5.17 给出了基于烈度、标准模型等参数的正态分布概率图，可以看出其

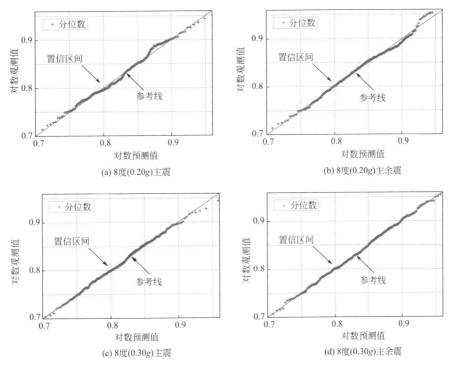

(a) 8度(0.20g)主震

(b) 8度(0.20g)主余震

(c) 8度(0.30g)主震

(d) 8度(0.30g)主余震

图 5.17 结构整体损伤指数 Q-Q 图（一）

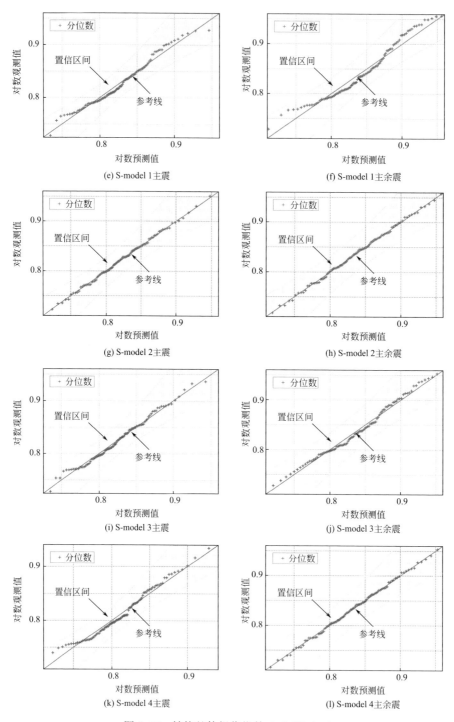

图 5.17　结构整体损伤指数 Q-Q 图（二）

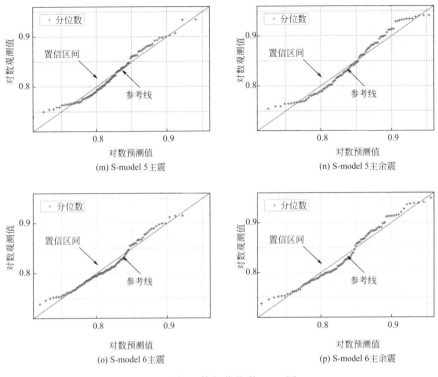

图 5.17　结构整体损伤指数 Q-Q 图（三）

分布呈线性关系，均在置信区间范围内，由此证明结构的整体损伤指数服从正态分布。根据前述概率分布图验证可知，结构的整体损伤指数服从对数正态分布。由此对 1200 个计算样本损伤指数增加的模型进行统计分析，得出其损伤指数正态分布概率密度图，如图 5.18 所示。

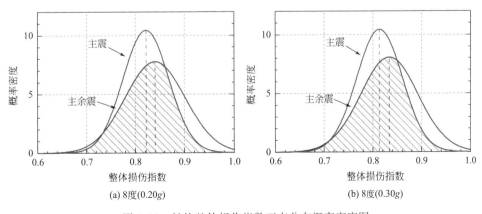

图 5.18　结构整体损伤指数正态分布概率密度图

根据图 5.18，主余震序列相较于单主震激励结构整体损伤指数增加趋势明显，这与前述损伤指数的分布的结论是一致的。从结构整体损伤指数正态分布概率密度图中位值可看出，8 度 $0.30g$ 相较于 8 度 $0.20g$，其结构整体损伤指数偏小，其整体损伤增量也会变大。为了更加清晰地了解损伤指数的变化规律，根据不同标准模型即不同的地震动参数，将损伤指数增量分为绝对增量和相对增量分别求出其概率分布关系，如图 5.19 所示。

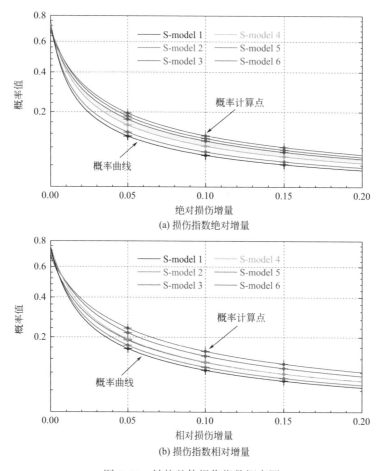

(a) 损伤指数绝对增量

(b) 损伤指数相对增量

图 5.19　结构整体损伤指数概率图

由此可以得出结构的整体损伤指数规律为：随着设防烈度的增加，即结构可能遭受的地震强度增加时，结构整体损伤指数增加。结构整体损伤指数相对增量概率图可以明显地体现这一现象，当设防烈度为 8 度 $0.30g$ 时，对于相同损伤指数增量的超越概率全面大于设防烈度为 8 度 $0.20g$ 对应的损伤指数增量概率。从标准模型 S-model 1～6 所位于的场地类别及地震分组可以看出，随着场地类别的增加，即场地剪切波速的减小以及随着震中距的增加，由强余震引起的结构整体损伤指数明显增加。表 5.8 给出了标准模型结构整体损伤指数超越概率，绝对损伤增量对于设防烈度 8 度 0.20g 时结构损伤指数增加 0.05 的超越概率为 12%～19%；结构损伤指数增加 0.10 的超越概率为 8%～10%；结构损伤指数增加 0.15 的超越概率为 1%～4%。对于设防烈度 8 度 0.30g 时结构损伤指数增加 0.05 的超越概率为 16%～20%；结构损伤指数增加 0.10 的超越概率为 8%～13%；结构损伤指数增加 0.15 的超越概率为 4%～5%。相对损伤增量对于设防烈度 8 度 0.20g 时结构损伤指数增加 5% 的超越概率为 16%～19%；结构损伤指数增加 10% 的超越概率为 10%～12%；结构损伤指数增加 15% 的超越概率为 3%～6%。对于设防烈度 8 度 0.30g 时结构损伤指数增加 5% 的超越概率为 20%～25%；结构损伤指数增加 10% 的超越概率为 11%～15%；结构损伤指数增加 15% 的超越概率为 6%～8%。余震引起的损伤指数变化相对于主震带来的损伤指数变化要小，这说明影响结构损伤的还是主震，余震的后续作用会对结构产生附加损伤，但这个附加损伤一般会小于主震对结构产生的损伤。

标准模型结构整体损伤指数超越概率　　　　　　　　　　表 5.8

标准模型		S-model 1	S-model 2	S-model 3	S-model 4	S-model 5	S-model 6
损伤指数绝对增量	0.05	12.00%	13.00%	19.00%	16.00%	19.00%	20.00%
	0.10	10.00%	8.00%	9.00%	8.00%	12.00%	13.00%
	0.15	1.00%	2.00%	4.00%	4.00%	4.00%	5.00%
损伤指数相对增量	5.00%	16.00%	17.00%	19.00%	20.00%	23.00%	25.00%
	10.00%	10.00%	11.00%	12.00%	11.00%	13.00%	15.00%
	15.00%	3.00%	4.00%	6.00%	6.00%	7.00%	8.00%

5.4　主震受损结构动力特性对损伤增量的影响

动力参数作为结构的固有属性，反映结构在地震作用前后结构自身的刚度变化。由于结构刚度与损伤指数及损伤增量存在耦合关系，为了更进一步地研究损伤指数的变化规律，故在此对结构动力特性对损伤增量的影响进行讨论。

为了便于理解主震受损结构的动力特性，采用主震受损后结构的最大层间位移角作为动力参数。将其最大层间位移角（MDA）分为 [1/150，1/140)、[1/140，1/130)、[1/130，1/120)、[1/120，1/110)、[1/110，1/100] 共 5 个区间进行损伤增量分析，图 5.20 给出了主震后层间位移角与结构整体损伤指数变化规律分布图。

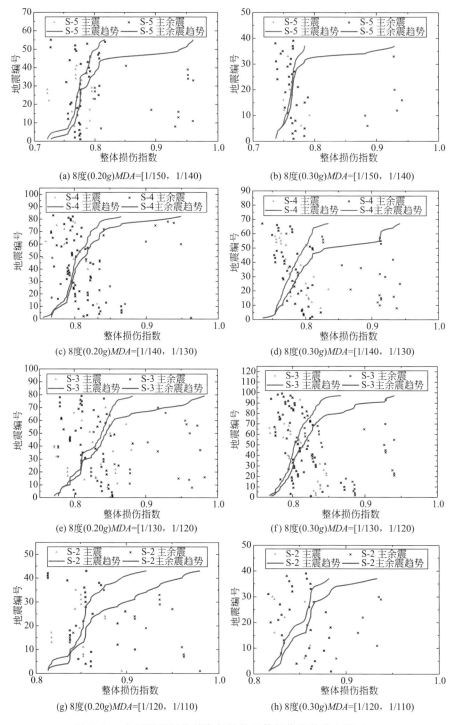

图 5.20　主震后层间位移角与结构整体损伤指数分布图（一）

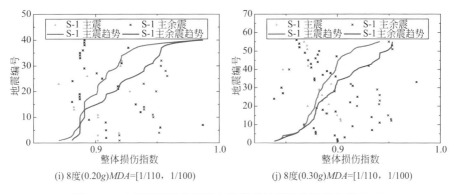

(i) 8度(0.20g)MDA=[1/110，1/100]   (j) 8度(0.30g)MDA=[1/110，1/100]

图5.20 主震后层间位移角与结构整体损伤指数分布图（二）

由图5.20可以看出，随着结构层间位移角逐渐增大（即从1/150增大到1/100），其结构整体损伤指数增加逐渐减小。从结构整体的角度分析，是由于结构最大层间位移角较大时，结构遭受了主震作用后损伤较重，但其等效结构阻尼比相应会增加，在后续余震作用下结构响应减小。

由于前述已经证明结构的损伤指数服从对数正态分布。故根据不同设防烈度分别计算出不同层间位移角区间对应的绝对以及相对损伤增量概率图，如图5.21所示。

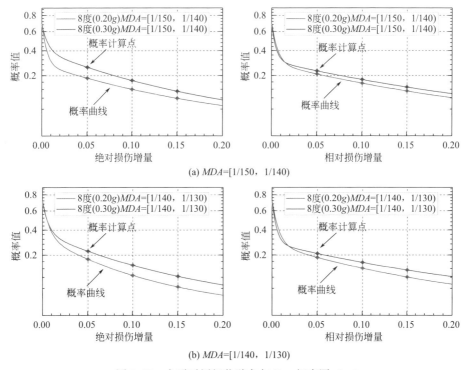

(a) MDA=[1/150，1/140]

(b) MDA=[1/140，1/130]

图5.21 主震后层间位移角与 D_{SE} 概率图（一）

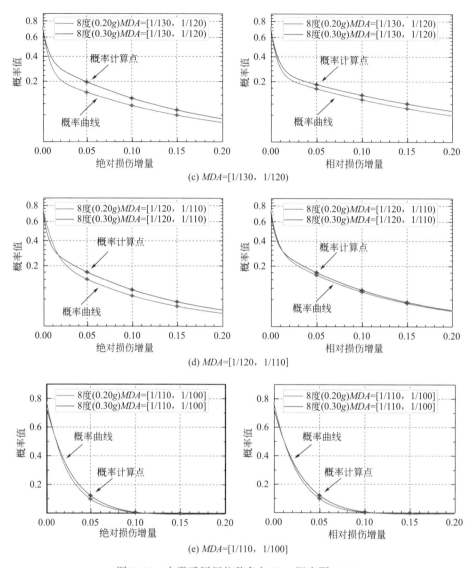

(c) $MDA=[1/130，1/120]$

(d) $MDA=[1/120，1/110]$

(e) $MDA=[1/110，1/100]$

图 5.21 主震后层间位移角与 D_{SE} 概率图（二）

根据概率分析，当主震后受损结构最大层间位移角在 $[1/150，1/140)$ 区间时，结构绝对损伤指数增加 0.05 的超越概率为 18.18%～25.64%；结构相对损伤指数增加 5% 的超越概率为 20.00%～26.08%。结构绝对损伤指数增加 0.10 的超越概率为 12.73%～17.95%；结构相对损伤指数增加 10% 的超越概率为 18.18%～19.64%。结构绝对损伤指数增加 0.15 的超越概率为 7.27%～10.26%；结构相对损伤指数增加 15% 的超越概率为 9.09%～12.82%。当主震后受损结构最大层间位移角在 $[1/140，1/130)$ 区间时，结构绝对损伤指数增加

0.05 的超越概率为 16.87％～22.39％；结构相对损伤指数增加 5％的超越概率为 18.07％～23.92％。结构绝对损伤指数增加 0.10 的超越概率为 10.84％～ 14.93％；结构相对损伤指数增加 10％的超越概率为 13.25％～18.24％。结构绝对损伤指数增加 0.15 的超越概率为 2.41％～7.46％；结构相对损伤指数增加 15％的超越概率为 7.23％～11.94％。当主震后受损结构最大层间位移角在 [1/130，1/120) 区间时，结构绝对损伤指数增加 0.05 的超越概率为 12.66％～19.19％；结构相对损伤指数增加 5％的超越概率为 15.19％～21.82％。结构绝对损伤指数增加 0.10 的超越概率为 10.13％～12.12％；结构相对损伤指数增加 10％的超越概率为 11.39％～14.67％。结构绝对损伤指数增加 0.15 的超越概率为 1.27％～ 4.04％；结构相对损伤指数增加 15％的超越概率为 5.06％～6.06％。当主震后受损结构最大层间位移角在 [1/120，1/110) 区间时，结构绝对损伤指数增加 0.05 的超越概率为 11.63％～15.38％；结构相对损伤指数增加 5％的超越概率为 13.95％～18.46％。结构绝对损伤指数增加 0.10 的超越概率为 6.98％～10.26％；结构相对损伤指数增加 10％的超越概率为 9.30％～13.63％。当主震后受损结构最大层间位移角在 [1/110，1/100] 区间时，结构绝对损伤指数增加 0.05 的超越概率为 8.92％～10.00％；结构相对损伤指数增加 5％的超越概率为 10.00％～ 12.50％。结合设防烈度与层间位移角之间的相关性，主震后受损结构损伤增量超越概率分布见表 5.9。

主震后受损结构损伤增量超越概率　　　　　　　　表 5.9

受损结构最大层间位移角(MDA)			[1/150，1/140)	[1/140，1/130)	[1/130，1/120)	[1/120，1/110)	[1/110，1/100]
8度 0.20g	损伤指数绝对增量	0.05	18.18％	16.87％	12.66％	11.63％	10.00％
		0.10	12.73％	10.84％	10.13％	6.98％	＼
		0.15	7.27％	2.41％	1.27％	＼	＼
	损伤指数相对增量	5％	20.00％	18.07％	15.19％	13.95％	10.00％
		10％	18.18％	13.25％	11.39％	9.30％	＼
		15％	9.09％	7.23％	5.06％	＼	＼
8度 0.30g	损伤指数绝对增量	0.05	25.64％	22.39％	19.19％	15.38％	8.92％
		0.10	17.95％	14.93％	12.12％	10.26％	＼
		0.15	10.26％	7.46％	4.04％	＼	＼
	损伤指数相对增量	5％	26.08％	23.92％	21.82％	18.46％	12.50％
		10％	19.64％	18.24％	14.67％	13.63％	＼
		15％	12.82％	11.94％	6.06％	＼	＼

5.5　主余震作用下结构倒塌概率分析

地震是一种突发性、随机性的自然灾害，地震的发生和地震特征均不能准确地预测，故只能使用概率的方法来描述结构遭受目标地震动时的危险性。本节在讨论结构倒塌概率分析时，给出了结构在遭受目标强度地震时发生倒塌的条件概率 P（collapse｜IM）以及抗地震倒塌能力 CC 的概率分布。

结构在地震作用下的倒塌破坏是结构抗倒塌能力即结构抗力和结构在场地的地震危险性即作用效应相互作用下的结果。结构的抗倒塌能力是结构是否存在倒塌风险性的内因，结构所在场地的地震危险性是结构是否存在倒塌风险性的外因。由于前述 5.2 节中已详细叙述将标准模型根据《抗震规范》在设计之初使其抗倒塌能力尽可能一致，故本节主要讨论结构所在场地的地震危险性对结构倒塌风险的影响。本节给出了结构在主震、主余震序列作用下整体损伤指数 D_{SE} 超过预定倒塌极限值 LS（$D_{SE}=0.95$）的概率曲线，根据公式（5.3）的统计结果，即可得到超越倒塌限值的概率值。

$$P\{D_{SE} \geqslant LS \mid IM=(MS，MAS)\}=1-\Phi\left(\frac{-0.051-\overline{\mu}_{\ln\mid IM}}{\beta_{\ln\mid IM}}\right) \quad (5.3)$$

式中　$IM=(MS，MAS)$——主震、主余震的地震动强度系数；

$\overline{\mu}_{\ln\mid IM}$——结构损伤指数的对数均值；

$\beta_{\ln\mid IM}$——结构损伤指数的对数标准差。

图 5.22 给出了主余震序列不同设防烈度倒塌概率图，当设防烈度为 8 度 0.20g 时；结构在主余震序列下倒塌概率为 4.30％，当设防烈度为 8 度 0.30g 时，结构在主余震序列下倒塌概率为 2.98％。随着设防烈度的增加，倒塌概率

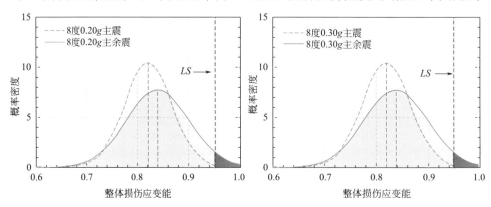

图 5.22　主余震序列不同设防烈度倒塌概率图

减小，这主要是由于更高的设防烈度采取了更高的抗震措施使得结构具有更高的抗倒塌冗余度。

图 5.23 给出了主余震序列不同层间位移角倒塌概率图，根据概率分析：当主震后受损结构最大层间位移角在〔1/150，1/140）区间时，设防烈度 8 度

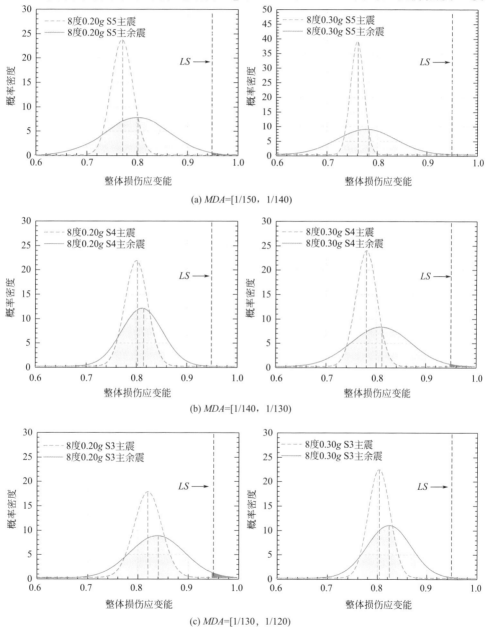

(a) *MDA*=[1/150，1/140)

(b) *MDA*=[1/140，1/130)

(c) *MDA*=[1/130，1/120)

图 5.23 主余震序列不同层间位移角倒塌概率图（一）

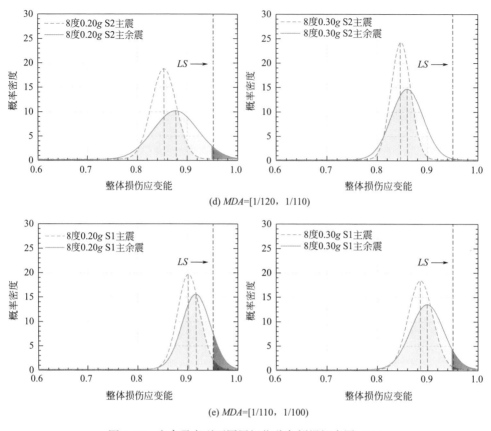

(d) *MDA*=[1/120，1/110)

(e) *MDA*=[1/110，1/100)

图 5.23　主余震序列不同层间位移角倒塌概率图（二）

0.20*g* 时结构倒塌概率为 1.30%，设防烈度 8 度 0.30*g* 时结构倒塌概率为
0.25%。当主震后受损结构最大层间位移角在 [1/140，1/130) 区间时，设防烈
度 8 度 0.20*g* 时结构倒塌概率为 0.05%，设防烈度 8 度 0.30*g* 时结构倒塌概率
为 1.29%。当主震后受损结构最大层间位移角在 [1/130，1/120) 区间时，设
防烈度 8 度 0.20*g* 时结构倒塌概率为 2.65%，设防烈度 8 度 0.30*g* 时结构倒塌
概率为 0.29%。当主震后受损结构最大层间位移角在 [1/120，1/110) 区间时，
设防烈度 8 度 0.20*g* 时结构倒塌概率为 5.83%，设防烈度 8 度 0.30*g* 时结构倒
塌概率为 0.29%。当主震后受损结构最大层间位移角在 [1/110，1/100] 区间
时，设防烈度 8 度 0.20*g* 时结构倒塌概率为 13.44%，设防烈度 8 度 0.30*g* 时结
构倒塌概率为 7.10%。由于本次结构计算选取的样本数为 1200 个，从总的统计
关系中分析其结果还存在一定的离散性。但从总的趋势可以看出，随着主震后损
伤结构的层间位移角增加，其倒塌概率大幅度增加。故对于受损结构提高其冗余
度可有效减小其倒塌概率。

图 5.24 给出了主余震序列不同标准模型（场地）倒塌概率图，根据前述，标准模型是根据场地特征确定，故反映的是场地与倒塌概率之间的关系。根据概率分析：当设防烈度 8 度 0.20g、场地特征周期为 0.35s 时结构倒塌概率为 4.11%；当设防烈度 8 度 0.20g、场地特征周期为 0.40s 时结构倒塌概率为

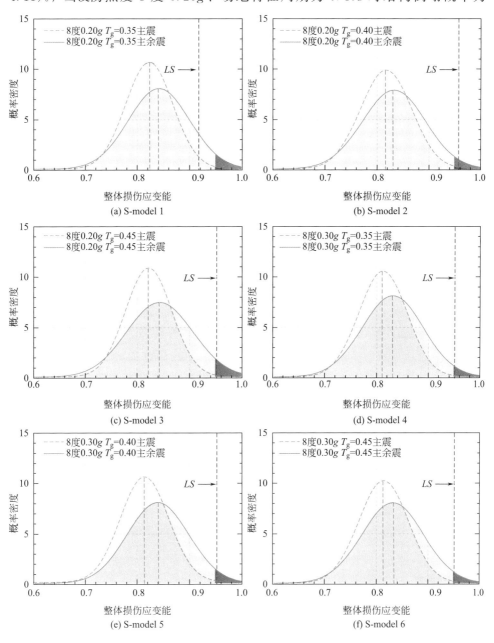

图 5.24　主余震序列不同标准模型（场地）倒塌概率图

3.29%；当设防烈度 8 度 0.20g、场地特征周期为 0.45s 时结构倒塌概率为 5.67%；当设防烈度 8 度 0.30g、场地特征周期为 0.35s 时结构倒塌概率为 2.63%；当设防烈度 8 度 0.30g、场地特征周期为 0.40s 时结构倒塌概率为 3.63%；当设防烈度 8 度 0.30g、场地特征周期为 0.45s 时结构倒塌概率为 3.79%。从总的趋势可以看出，随着场地特征周期的增加，即场地剪切波速减小、震中距增加时，其倒塌概率增加。

前述讨论了余震与主震对结构整体损伤指数的影响，虽然余震引起的损伤指数变化相对于主震带来的损伤指数变化较小，并且超越概率相对在一个比较小的范围内，但余震发生时结构已经历过主震对结构的损伤响应，结构抗倒塌能力已大幅度下降，此时发生余震会导致结构危险性大幅度增强。

5.6 主余震作用下结构易损性分析

地震易损性表征的是工程结构在不同强度地震作用下发生不同破坏状态的可能性，通过主余震作用下易损性分析可以给出不同强度地震作用下结构达到或超过某种破坏状态的概率，从而定量地描述地震动强度与结构破坏程度之间的关系。主余震作用下结构的易损性研究不仅可以评估主震作用后损伤结构的残余抗震性能，还可以为结构风险性研究和震后决策的制定提供依据。

易损性曲线是指结构在不同地震参数作用下结构超越指定破坏程度的概率。本书所给出的易损性破坏程度限值均由结构 IDA 曲线确定，超越极限值 LS_1（$D_{SE}=0.75$）即达到严重破坏，超越极限值 LS_2（$D_{SE}=0.95$）即达到倒塌。本章主要对余震后结构易损性进行分析，故选择场地、主震后受损结构的最大层间位移角作为易损性曲线自变量，余震幅值已根据本书第 2 章主余震地震动衰减关系取值。参考文献 [173，174]，本章在计算易损性曲线时所用公式如下：

$$f(x)=\frac{1}{\sqrt{2\pi}\sigma_{\ln x}x}e^{-\frac{(x-\mu_{\ln x})^2}{2\sigma_{\ln x}^2}}, \quad 0<x<+\infty \tag{5.4}$$

$$\mu_{\ln x}=\ln\left(\frac{\mu_x}{\sqrt{1+\delta_x^2}}\right) \tag{5.5}$$

$$\sigma_{\ln x}=\sqrt{1+\delta_x^2} \tag{5.6}$$

$$P\{D_{SE}\geqslant D_{SE,i}\mid IM\}=1-\Phi\left(\frac{\ln(D_{SE,i})-\overline{\mu}_{\ln|IM}}{\beta_{\ln|IM}}\right) \tag{5.7}$$

$$\Phi(x) = \frac{1}{\sqrt{2\pi}} \int_{-\infty}^{x} \exp\left(-\frac{t^2}{2}\right) dx \tag{5.8}$$

式中　$D_{SE,i}$——状态极限值；

$\overline{\mu}_{\ln|IM}$——结构损伤的对数均值；

$\beta_{\ln|IM}$——结构损伤指数的对数标准差。

依据公式（5.7），可依次求得以对应场地、主震后受损结构的最大层间位移角为自变量的 4 种状态极限值的超越概率，如下所示：

$$P\{D_{SE} \geqslant LS_1 \mid IM = T_g\} = 1 - \Phi\left(\frac{-0.2877 - \overline{\mu}_{\ln|IM}}{\beta_{\ln|IM}}\right) \tag{5.9}$$

$$P\{D_{SE} \geqslant LS_1 \mid IM = \delta_{f,max}\} = 1 - \Phi\left(\frac{-0.2877 - \overline{\mu}_{\ln|IM}}{\beta_{\ln|IM}}\right) \tag{5.10}$$

$$P\{D_{SE} \geqslant LS_2 \mid IM = T_g\} = 1 - \Phi\left(\frac{-0.0513 - \overline{\mu}_{\ln|IM}}{\beta_{\ln|IM}}\right) \tag{5.11}$$

$$P\{D_{SE} \geqslant LS_2 \mid IM = \delta_{f,max}\} = 1 - \Phi\left(\frac{-0.0513 - \overline{\mu}_{\ln|IM}}{\beta_{\ln|IM}}\right) \tag{5.12}$$

根据式（5.9）～式（5.12）的统计结果，即可求得超越各个状态限值的概率值，再由差分法可以获得结构易损性曲线的拟合曲线。

图 5.25 为基于场地在不同设防烈度下结构的易损性曲线，图 5.26 为基于主震后受损结构的最大层间位移角在不同设防烈度下结构的易损性曲线，其中分别给出了两个不同的极限状态（即 LS_1、LS_2）对应的易损性曲线。图中 LS_1 的易损性曲线将结构的破坏状态分为中等破坏和严重破坏，图中 LS_2 的易损性曲线将结构的破坏状态分为严重破坏和倒塌。在易损性曲线中，沿横坐标画一条直线与易损性曲线相交于一点，可以得到交点相应的横坐标，即为结构达到某种损伤状态限值的超越概率。当地震发生后可通过易损性曲线对结构的破坏进行快速评估，从而作出最有利的震后决策。

从图 5.25 和图 5.26 可以看出，总体上考虑余震的主余震序列地震动的易损性曲线位于主震地震动易损性曲线上方，说明主余震序列作用下结构在不同程度的破坏概率增加。标准模型对在不同设防烈度的罕遇地震下进行的最初的结构及配筋设计，根据我国《抗震规范》，其设计水准为"大震不倒"，故其在主震后的结构损伤状态在很高的概率比例下为严重损伤。由图 5.26 可以看出，随着场地特征周期的增加，结构超过严重损伤直至倒塌的整体损伤指数限值的概率增加。随着主震后最大层间位移角的增加，考虑余震作用结构超过严重损伤直至倒塌的整体损伤指数限值的概率增加。结构的延性及安全冗余度决定了结构对应某种损伤状态的超越概率。

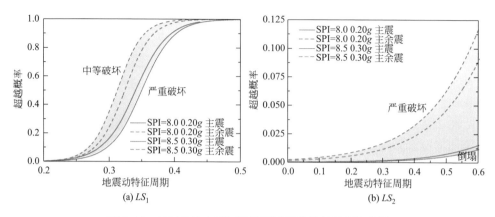

图 5.25 基于场地在不同设防烈度下结构的易损性曲线

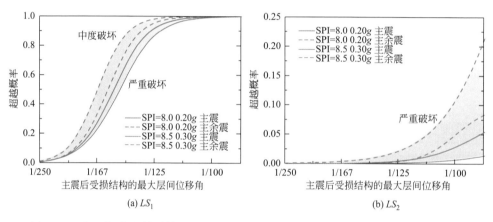

图 5.26 基于主震后受损结构的最大层间位移角在不同设防烈度下结构的易损性曲线

5.7 主余震作用下关键构件损伤变化规律

关键构件作为性能设计的重要评定内容，是指该构件的失效可能引起结构的连续破坏或危及生命安全的严重破坏[69,175,176]。根据《抗震规范》相关要求以及实际工程做法，本章选取的关键构件为底层核心筒剪力墙（根据计算结果显示，本书所有算例中核心筒剪力墙竖向分布规律为底层损伤最大，其次为设置伸臂桁架楼层及加强层上下层）、伸臂桁架以及框架柱，研究其损伤变化规律。对于超高层结构，其构件数量较多，对于单一构件，损伤变化受地震动激励的不确定性影响较大，但楼层损伤会有一定规律性，故对楼层滞回耗能即结构塑性损伤后结构延性，在竖向分布上讨论其分布规律。

5.7.1　关键构件损伤指数分布规律

底层核心筒剪力墙对应的损伤指数，采用墙单元对应的损伤指数最大值与分布面积加权计算求得。伸臂桁架采用构件损伤指数最大值与分布数量加权计算求得。框架柱由于损伤指数较小且分布离散性较大，故对其分析时采用构件全楼损伤指数最大值。

图 5.27 给出了伸臂桁架损伤指数分布图，图 5.28 给出了伸臂桁架损伤指数增量的超越概率图。可以看出其损伤指数变化规律与结构整体损伤指数分布一

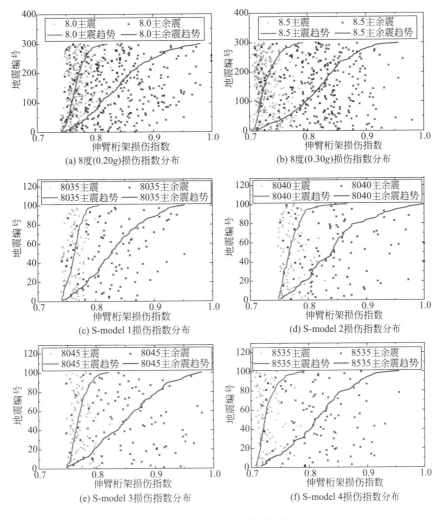

图 5.27　伸臂桁架损伤指数分布图（一）

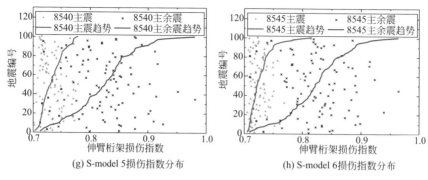

(g) S-model 5损伤指数分布   (h) S-model 6损伤指数分布

图 5.27　伸臂桁架损伤指数分布图（二）

致，随着场地类别的增加即场地剪切波速的减小以及震中距的增加，由强余震引起的结构整体损伤指数明显增加。损伤指数增量随着设防烈度的增加而增加。损伤指数增量超越概率详见表 5.10。

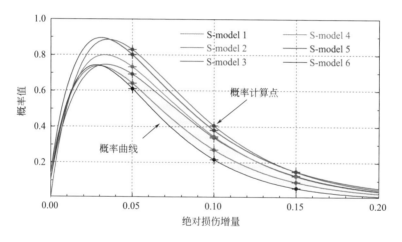

图 5.28　伸臂桁架损伤指数增量的超越概率图

标准模型伸臂桁架损伤指数增量超越概率　　　　　　表 5.10

标准模型		S-model 1	S-model 2	S-model 3	S-model 4	S-model 5	S-model 6
损伤指数 绝对增量	0.05	61.00%	64.00%	69.00%	74.00%	80.00%	87.00%
	0.10	22.00%	27.00%	34.00%	35.00%	38.00%	47.00%
	0.15	5.00%	9.00%	12.00%	12.00%	15.00%	15.00%

　　图 5.29 给出了核心筒底层剪力墙损伤指数分布图，图 5.30 给出了核心筒底层剪力墙损伤指数增量的超越概率图。可以看出其损伤指数增量明显小于伸臂桁架的损伤指数增量，且损伤增幅较小。损伤指数增量超越概率详见表 5.11。

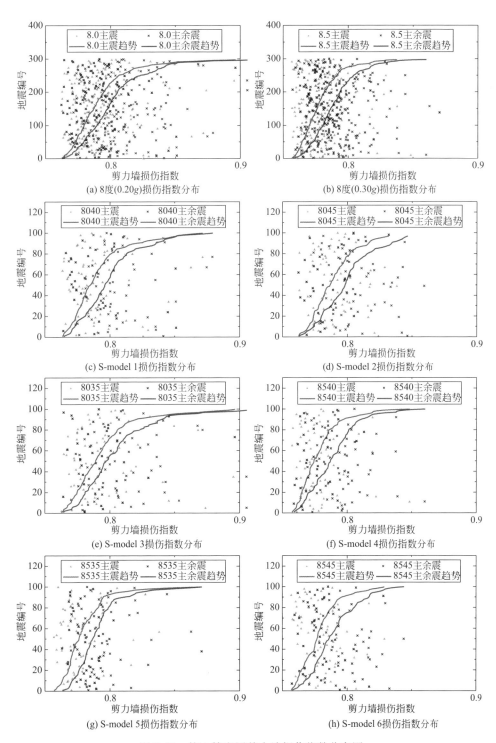

(a) 8度(0.20g)损伤指数分布

(b) 8度(0.30g)损伤指数分布

(c) S-model 1损伤指数分布

(d) S-model 2损伤指数分布

(e) S-model 3损伤指数分布

(f) S-model 4损伤指数分布

(g) S-model 5损伤指数分布

(h) S-model 6损伤指数分布

图5.29　核心筒底层剪力墙损伤指数分布图

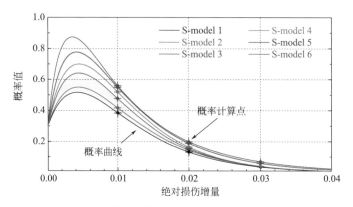

图 5.30 核心筒底层剪力墙损伤指数增量的超越概率图

标准模型核心筒底层剪力墙损伤指数增量超越概率　　表 5.11

标准模型		S-model 1	S-model 2	S-model 3	S-model 4	S-model 5	S-model 6
损伤指数 绝对增量	0.01	38.00%	41.00%	48.00%	52.00%	55.00%	56.00%
	0.02	15.00%	16.00%	16.00%	17.00%	19.00%	20.00%
	0.03	0.00%	1.00%	3.00%	3.00%	6.00%	7.00%

图 5.31 给出了框架柱最大损伤指数分布图，图 5.32 给出了框架柱最大损伤

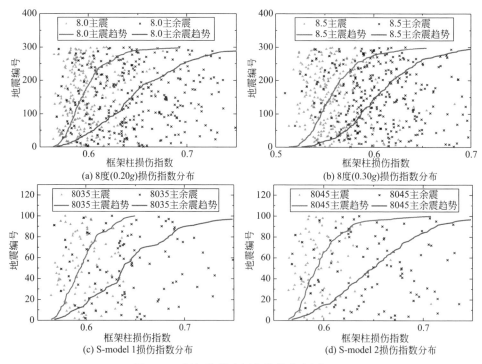

图 5.31　框架柱最大损伤指数分布图（一）

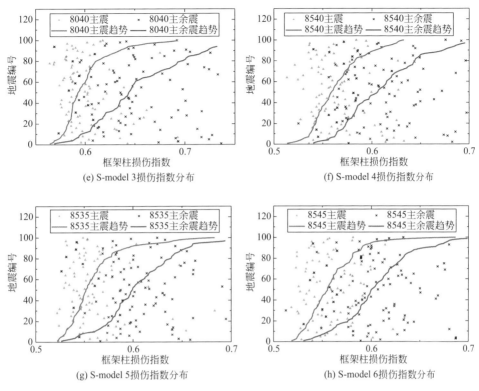

图 5.31　框架柱最大损伤指数分布图（二）

指数增量的超越概率图。可以看出，框架柱最大损伤指数分布及损伤增量变化趋势与伸臂桁架的损伤指数及增量变化趋势相一致，但损伤指数增量小于伸臂桁架的损伤指数增量。损伤指数增量超越概率详见表 5.12。

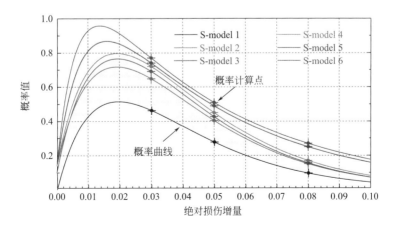

图 5.32　框架柱最大损伤指数增量的超越概率图

标准模型框架柱最大损伤指数增量超越概率 表 5.12

标准模型		S-model 1	S-model 2	S-model 3	S-model 4	S-model 5	S-model 6
损伤指数绝对增量	0.03	63.00%	65.00%	69.00%	72.00%	74.00%	77.00%
	0.05	40.00%	42.00%	43.00%	45.00%	49.00%	51.00%
	0.08	10.00%	14.00%	15.00%	17.00%	25.00%	27.00%

通过上述对关键构件的损伤分布、损伤指数增量的超越概率进行分析，可以看出关键构件损伤指数变化规律与结构整体损伤指数分布相一致，随着场地类别的增加，即场地剪切波速的减小以及震中距的增加，由强余震引起的结构整体损伤指数明显增加。损伤指数增量随着设防烈度的增加而增加。在关键构件中，损伤考虑强余震作用时伸臂桁架损伤增量变化幅度最大，其次为框架柱最大损伤指数，核心筒底层剪力墙损伤指数变化幅度相对较小。

5.7.2 楼层滞回耗能沿结构竖向分布规律

由于带伸臂桁架的超高层在加强层位置会引起较大的刚度突变，结构刚度沿竖向分布变化不规则，这就会造成结构楼层滞回耗能沿结构竖向分布不均匀，本节将对其分布规律进行讨论。根据不同标准模型的主震、主余震楼层滞回耗能分布，求其平均值。根据主震、主余震楼层滞回耗能平均值讨论沿结构竖向分布规律，如图 5.33 所示。

由图 5.33 可以看出，对于结构的楼层滞回耗能沿竖向分布，带伸臂桁架的加强层耗能最大。这主要是根据《抗震规范》设计要求，对于关键构件性能要求为"大震不屈服"，这就使得伸臂桁架在设防烈度的罕遇主震及后续的强余震作用下，没有因为强度的原因退出工作，保持了较好的延性。根据前述关键构件的损伤规律也可看出，当经历强余震时核心筒底层剪力墙损伤指数变化并不大，这在楼层滞回耗能曲线中也得到了证明。作为二道防线的框架柱此时损伤指数增幅较大，框架柱和伸臂桁架共同为结构的耗能作出贡献，有效保证了作为结构一道防线的核心筒剪力墙的安全。对于设置伸臂桁架加强层，考虑强余震时其最大层滞回耗能相较主震作用下 8 度 0.20g 平均增加 1.21~3.98 倍，8 度 0.30g 平均增加 1.28~3.19 倍。特别需要注意的是，对于没有设置伸臂桁架的避难层，其滞回耗能变化幅值较普通楼层大，这主要是由于避难层层高较大，形成了薄弱层，导致此部分楼层也会有较大的塑性变形。

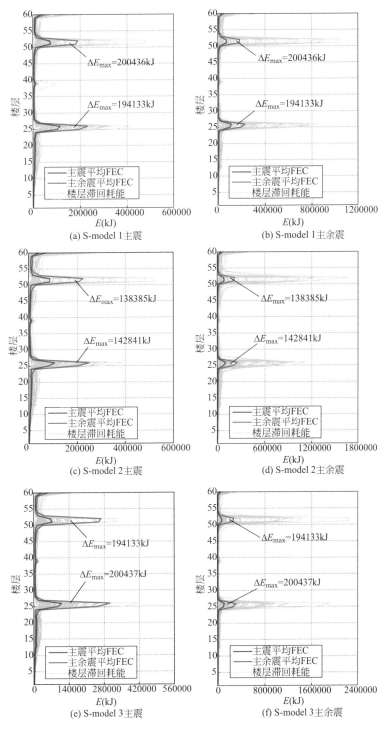

图 5.33　标准模型楼层滞回耗能竖向分布图（一）

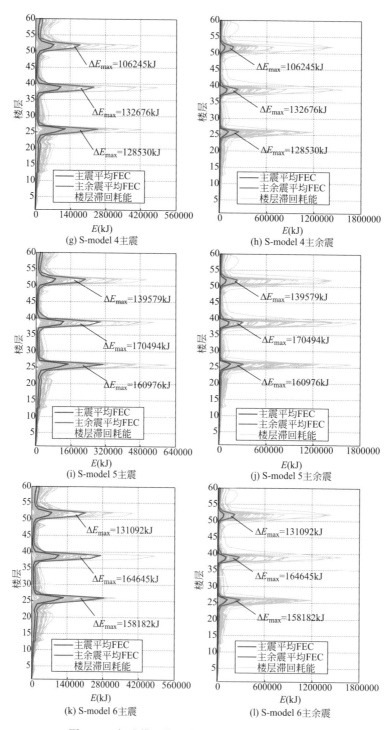

图 5.33　标准模型楼层滞回耗能竖向分布图（二）

5.8　小结

本章根据前述各章节的研究成果，将《抗震规范》、现行国家标准《中国地震动参数区划图》GB 18306 中的地震动参数作为依据，以设防烈度、场地作为标准模型划分标准，结合工程实践中相应主要结构参数，建立了 6 个具有代表性的 240m 高度带伸臂桁架超高层的标准模型。共选取 600 组天然主余震序列地震动，结合本书提出的主余震峰值加速度比值的预测公式对实际记录进行调幅后进行主余震非弹性反应分析。地震动激励方式采用主震、主余震序列分别加载，共计对 1200 个有限元模型进行比较分析。分析内容包括余震对增量损伤的影响、主震受损程度对增量损伤的影响、结构动力特性对损伤增量的影响等主要影响特征，并给出损伤增量在本书的主要地震动参数下的损伤概率分布规律，以及对结构进行易损性分析。结合损伤分布规律，对核心筒剪力墙、伸臂桁架等关键构件损伤状况及楼层耗能分布进行统计分析。主要结论如下：

（1）根据对 1200 个计算模型的统计分析，在天然主余震地震动序列下，设防烈度为 8 度 0.20g 时，主余震序列引起的结构整体损伤指数等于主震引起的结构整体损伤指数，即余震没有导致结构损伤指数增加的概率为 72.33%。设防烈度为 8 度 0.30g 时，余震没有导致结构损伤指数增加的概率为 72.67%。这个结果与大量的震害调查结果是相一致的。

（2）从结构整体损伤指数分布趋势图中，可以看出主余震序列相较于主震，结构整体损伤指数增加趋势明显。本章采用对数正态概率图法验证了结构地震反应的损伤指数服从对数正态分布。由此可以分别计算出不同场地及设防烈度下，损伤指数绝对增量及相对增量的概率，具体数据可见相应章节。8 度 0.30g 相较于 8 度 0.20g，其结构整体损伤指数偏小，其整体损伤增量也会变大。随着设防烈度的增加，即结构可能遭受的地震强度增加时，结构整体损伤指数增加。从结构整体损伤指数相对增量概率图可以明显地看出这一现象，当设防烈度为 8 度 0.30g 时，对于相同损伤指数增量的超越概率全面大于设防烈度为 8 度 0.20g 对应的损伤指数增量的超越概率。

（3）由于结构刚度与损伤指数及损伤增量存在耦合关系，为了更进一步地研究余震影响结构损伤指数的变化规律，本章采用主震受损后结构的最大层间位移角作为动力参数，以便于理解主震受损结构的动力特性。随着结构层间位移角逐渐增大（即从 1/150 到 1/100），其结构整体损伤指数增量逐渐减小。从结构整体的角度分析，是由于结构最大层间位移角较大时，结构遭受了主震作用后损伤较重，但其等效结构阻尼比相应会增加，在后续余震作用下结构响应减小。对应不同主震后最大层间位移角的损伤增量的超越概率可见相应章节。

(4) 结构在地震作用下的倒塌破坏是结构抗倒塌能力即结构抗力和结构在场地的地震危险性即作用效应相互作用下的结果。根据对倒塌概率的分析，确定主震后所有模型整体损伤指数均未超过倒塌限值，当设防烈度为 8 度 0.20g 时，结构在主余震序列下倒塌概率为 4.30%，当设防烈度为 8 度 0.30g 时，结构在主余震序列下倒塌概率为 2.98%。随着设防烈度的增加，倒塌概率减小，这主要是由于更高的设防烈度采取了更高的抗震措施使得结构具有更高的抗倒塌冗余度。主震后层间位移角也是影响倒塌发生的重要因素，随着主震后损伤结构的层间位移角增加，其倒塌概率大幅度增加。故对于受损结构，提高其冗余度可有效减小其倒塌概率。对应结构所在场地，随着场地特征周期的增加，即场地剪切波速减小、震中距增加时，其倒塌概率增加。总体分析，虽然余震引起的损伤指数变化相对于主震带来的损伤指数变化较小，并且超越概率相对在一个比较小的范围内，但余震发生时结构已经历过主震对结构的损伤响应，结构抗倒塌能力已大幅度下降，此时发生余震会导致结构危险性大幅度增强。

(5) 结构的易损性曲线表明，随着场地特征周期的增加，结构超过严重损伤直至倒塌的整体损伤指数限值的概率增加。随着主震后最大层间位移角的增加，考虑余震作用结构超过严重损伤直至倒塌的整体损伤指数限值的概率增加。结构的延性及安全冗余度决定了结构对应某种损伤状态的超越概率。

(6) 通过对结构关键构件的损伤分布、损伤指数增量的超越概率的分析，结果表明关键构件损伤指数变化规律与结构整体损伤指数分布相一致，随着场地类别的增加，即场地剪切波速的减小以及震中距的增加，由强余震引起的结构整体损伤指数明显增加。损伤指数增量随着设防烈度的增加而增加。在关键构件中，损伤考虑强余震作用时伸臂桁架损伤增量变化幅度最大，其次为框架柱最大损伤指数，核心筒底层剪力墙损伤指数变化幅度相对较小。结构的楼层滞回耗能沿竖向分布时，带伸臂桁架的加强层耗能最大。当经历强余震时核心筒底层剪力墙损伤指数变化并不大，这在楼层滞回耗能曲线中也得到了证明。作为二道防线的框架柱损伤指数增幅较大，框架柱和伸臂桁架共同为结构的耗能作出贡献，有效保证了作为结构一道防线的核心筒剪力墙的安全。对于设置伸臂桁架加强层，考虑强余震时，其最大层滞回耗能相较主震作用下 8 度 0.20g 平均增加 1.21～3.98 倍，8 度 0.30g 平均增加 1.28～3.19 倍。

参考文献

[1] Pacific Earthquake Engineering Research Center. NGA Database [EB/OL]. [2022-05-28]. http：//peer. berkeley. edu/nga/flatfile. html.

[2] 中国地震台网中心. 中国台网大震速报目录 [EB/OL]. [2023-05-28]. https：//data. earthquake. cn/datashare/report. shtml? PAGEID=earthquake_zhengshi.

[3] Hirose F，Miyaoka K，Hayashimoto N，et al. Outline of the 2011 off the Pacific coast of Tohoku Earthquake (Mw 9.0) -Seismicity foreshocks，mainshock，aftershock，and in-ducedactivity [J]. Earth Planets Space，2011，63 (7)：513-518.

[4] United States Geological Survey (USGS). Implications for earthquake risk reduction in the United States from the Kocaeli，Turkey，earthquake of August 17，1999 [R]. USGS Circular 1193，2000.

[5] Reyners，M. Lessons from the destructive Mw 6.3 Christchurch，New Zealand，earth-quake [J]. Seismological Research Letters，2011，82 (3)：371-372.

[6] 史密斯 B S，库尔 A. 高层结构分析与设计 [M]. 陈瑜，龚炳年，等译校. 北京：地震出版社，1993.

[7] 中华人民共和国住房和城乡建设部. 建筑抗震设计规范：GB 50011—2010 (2015 年版) [S]. 北京：中国建筑工业出版社，2015.

[8] ASCE 7-10. Minimum design loads for buildings and other structures. ASCE Standard No. 007-10 [S]. Reston，VA，2010.

[9] FEMAP-750. NEHRP recommended seismic provisons for newbuildings and other struc-tures [S]. Washington，DC，2009.

[10] GEN. Eurocode 8：Design of structures for earthquake resistance. Part 1：General rules，seismic actions and rules for building [S]. Brussels，Belgium，2003.

[11] Omori F. On the after-shocks of earthquack [J]. Journal of the College of Science，Im-perial University，Japan，1894，7 (2)：111-200.

[12] Gutenberg B，Richter C F. Seismicity of the Earth and Associated Phenmennon [M]. 2nd Edition. Princeton：Princeton University Press，1954.

[13] Bth M. Lateral inhomogeneities of the upper mantle [J]. Tectonophysics，1965，2 (6)：483-514.

[14] Mahin S A. Effects of duration and aftershocks on inelsastic design earthquackes [C]. Proceedings of the Seventh World Conference on Earthquack Engineering，Turkey，Is-tanbul，1980.

[15] 吴开统，焦远碧，郑大林，杨满栋. 强震序列对工程建设的影响 [J]. 地震学刊，1987，(03)：1-10+86.

［16］ Das S，Gupta V K. Scaling of response spectrum and duration for aftershocks ［J］. Soil Dynamics & Earthquake Engineering，2010，30（8）：724-735.

［17］ Ruiz-Garcia J. Mainshock-aftershock ground motion features and their influence in building's seismic response ［J］. Journal of Earthquake Engineering，2012，16（5-6）：719-737.

［18］ Moustafa A，Takewaki I. Response of nonlinear single-degree-of-freedom structures to random acceleration sequences ［J］. Engineering Structures，2011，33（4）：1251-1258.

［19］ 温卫平. 主余震地震动参数特征及损伤谱研究 ［D］. 哈尔滨：哈尔滨工业大学，2016.

［20］ 冯世平. 多次地震作用下的钢筋混凝土结构的动力反应 ［C］. 第三届全国地震工程学术会议论文集，1990.

［21］ 吴波，欧进萍. 钢筋混凝土结构在主余震作用下的反应与损伤分析 ［J］. 建筑结构学报，1993，（05）：45-53.

［22］ 吴波，欧进萍. 主震与余震的震级统计关系及其地震动模型参数 ［J］. 地震工程与工程振动，1993，（03）：28-35.

［23］ Sunasaka Y，Kiremidjian A S. A method for structural safety evaluation under main-shock-aftershock earthquake sequences ［R］. The John A. Blume Earthquake Engineering Center，Report No. 105，1993.

［24］ Amadio C，Fragiacomo M，Rajgelj S. The effects of repeated earthquake ground motions on the nonlinear response of SDOF systems ［J］. Earthquake Engineering & Structural Dynamics，2003，32（2）：291-308.

［25］ Li Q，Ellingwood B R. Performance evaluation and damage assessment of steel frame buildings under mainshock-aftershock earthquack sequences ［J］. Earthquake Engineering & Structural Dynamics，2007，36（3）：405-427.

［26］ Boore D M，Atkinson G M. Ground-motion prediction equations for the average horizontal component of PGA，PGV，and 5%-damped PSA at specteal periods between 0.01s and 10.0s ［J］. Earthquake Spectra，2008，24（1）：139-171.

［27］ Boore D M，Stewart J P，Seyhan E，et al. NGA-West 2 equations for predicting PGA，PGV，and 5% damped PSA for shallow crustal earthquackes ［J］. Earthquack Spectra，2014，30（3）：1057-1085.

［28］ Campbell K W，Borzorgnia Y. NGA ground motion model for the geometric mean horizontal component of PGA，PGV，PGD and 5% damped linear elastic response spectra for periods ranging from 0.01 to 10s ［J］. Earthquack Spectra，2008，24（1）：139-171.

［29］ Campbell K W，Bozorgnia Y. NGA-West 2 ground motion model for the average horizontal components of PGA，PGV，and 5% damped linear acceleration response spectra ［J］. Earthquake Spectra，2014，30（3）：1087-1115.

［30］ Graizer V，Kalkan E. Update of the Graizer-Kalkan ground-motion prediction equations for shallow crustal continental earthquakes ［R］. US Geological Survey Open-file Report，

No. 2015-1009，2015.

[31] Chiou B S J，Youngs R R. An NGA model for the average horizontal component of peak ground motion and response spectra [J]. Earthquake Spectra，2008，24（1）：67-97.

[32] Douglas J，Halldorsson B. On the use of aftershocks when deriving ground-motion prediction equations [C]. Proceedings of the 9th US National and 10th Canadian Conference on Earthquake Engineering，2010.

[33] Graizer V，Kalkan E，Lin K W. Global ground motion prediction equation for shallow crustal rigions [J]. Earthquake Spectra，2013，29（3）：777-791.

[34] Abrahamson N A，Silva W J. Summary of the Abrahamson & Silva NGA ground-motion relations [J]. Earthquake Spectra，2008，24（1）：67-97.

[35] Abrahamson N A，Silva W J，Kamai R. Summary of the ASK14 ground motion relation for active crustal regions [J]. Earthquake Spectra，2014，30（3）：1025-1055.

[36] Chiou B S J，Youngs R R. Update of the Chiou and Youngs NGA model for the average horizontal component of peak ground motion and response spectra [J]. Earthquake Spectra，2014，30（3）：1117-1153.

[37] Shcherbakov R，Turcotte D L，Rundle J B. A generalized Omori's law for earthquake aftershock decay [J]. Geophysical Research Letters，2004，31（11）：L11613.

[38] Shcherbakov R，Turcotte D L. A modified form of Bath's law [J]. Bulletin of the Seismological Society of America，2004，94（5）：1968-1975.

[39] Yeo G L，Cornell C A. Stochastic characterization and decision bases under time-dependent aftershock risk in performance-based earthquake engineering [R]. Pacific Earthquake Engineering Research Center（PEER），2005.

[40] Yeo G L，Cornell C A. A probabilistic framework for quantification of aftershock ground-motion hazard in California：methodology and parametric study [J]. Earthquake Engineering & Structural Dynamics，2009，38（1）：45-60.

[41] Smith B S，Coull A. Tall building structures：analysis and design [M]. Texas：University of Texas Press，1991.

[42] Hoenderkamp J C D. Second outrigger at optimum location on high-rise shear wall [J]. The Structural Design of Tall and Special Buildings，2008，17（3）：619-634.

[43] Kamath K，Divya N，Rao A U. A study on static and dynamic behavior of outrigger structural system for tall buildings [J]. Bonfring International Journal of Industrial Engineering and Management Science，2012，4（2）：15-20.

[44] Nanduri P R K，Suresh B，Hussain M I. Optimum position of outrigger system for high-rise reinforced concrete buildings under wind and earthquake loadings [J]. American Journal of Engineering Research，2013，2（08）：76-89.

[45] 卢啸. 超高巨柱-核心筒-伸臂结构地震灾变及抗震性能研究 [D]. 北京：清华大学，2013.

[46] Lu X Z，Xie L L，Yu C，Lu X. Development and application of a simplified model for the design of a super-tall mega-braced frame-core tube building [J]. Engineering Structures，2016，110：116-126.

[47] Poon D C K，Hsiao L E，Zhu Y，et al. Non-linear time history analysis for the performance based design of Shanghai Tower [C]. ASCE Structures Congress，2011，541-551.

[48] Fan H，Li Q S，Tuan A Y，et al. Seismic analysis of the world's tallest building [J]. Journal of Constructional Steel Research，2009，65 (5)：1206-1215.

[49] Li Q S，Wu J R. Correlation of dynamic characteristics of a super-tall building from full-scale measurements and numerical analysis with various finite element models [J]. Earthquake Engineering and Structural Dynamics，2004，33 (14)：1311-1336.

[50] Jiang H J，Lu X L，Liu X J，et al. Performance-based seismic design principles and structural analysis of Shanghai Tower [J]. Advances in Structural Engineering，2014，17 (4)：513-528.

[51] Moehle J P. Seismic design of reinforced concrete buildings [M]. New York：McGraw-Hill Education，2015.

[52] Smith R J，Willford M R. The damped outrigger concept for tall buildings [J]. The Structural Design of Tall and Special Buildings，2007，16 (4)：501-517.

[53] Chang C M，Wang Z，Spencer B F，et al. Semi-active damped outriggers for seismic protection of high-rise buildings [J]. Smart Structures and Systems，2013，11 (5)：435-451.

[54] Asai T，Chang C M，Phillips B M，et al. Real-time hybrid simulation of a smart outrigger damping system for high-rise buildings [J]. Engineering Structures，2013，57：177-188.

[55] 任重翠，徐自国，肖从真，等. 防屈曲支撑在超高层建筑结构伸臂桁架中的应用 [J]. 建筑结构，2013，43 (5)：54-59.

[56] 邢丽丽，周颖. 普通伸臂桁架与屈曲约束支撑型伸臂桁架最优布置方案分析 [J]. 建筑结构学报，2015，36 (12)：1-10.

[57] Zhou Y，Zhang C Q，Lu X L. Earthquake resilience of a 632-meter super-tall building with energy dissipation outriggers [C]. Proceedings of the 10th National Conference on Earthquake Engineering，Earthquake Engineering Research Institute，Alaska，US，2014.

[58] Smith B S，Salim I. Parameter study of outrigger-braced tall building structures [J]. Journal of the Structural Division，1981，107 (10)：2001-2014.

[59] 聂建国，丁然，樊健生. 超高层建筑伸臂桁架-核心筒剪力墙节点受力性能数值与理论研究 [J]. 工程力学，2014，31 (1)：46-55.

[60] 丁洁民，李久鹏，何志军. 上海中心大厦巨型框架关键节点设计研究 [J]. 建筑结构学报，2011，32 (7)：31-39.

[61] 马臣杰，张良平，曹伟良，等. 深圳京基金融中心巨型节点设计研究 [J]. 建筑结构，2011，(S1)：1083-1087.

[62] 严鹏，王伟，陈以一. 钢管混凝土柱与伸臂桁架连接节点试验研究 [J]. 工程力学，2013，30 (S1)：78-82.

[63] 赵宪忠，王斌，陈以一，等. 上海中心大厦伸臂桁架与巨柱和核心筒连接的静力性能试验研究 [J]. 建筑结构学报，2013，034 (002)：20-28.

[64] 聂建国，丁然，樊健生，等. 武汉中心伸臂桁架-核心筒剪力墙节点抗震性能试验研究 [J]. 建筑结构学报，2013，34 (009)：1-12.

[65] 赵均，张宝泉，陈向东，等. 钢桁架与混凝土墙间单剪板连接预埋件构造形式的抗震性能试验研究 [J]. 建筑结构学报，2006，27 (02)：33-39.

[66] Kunnath S K，Reinhorn A M，Park Y J. Analytical modeling of inelastic seismic response of RC structures [J]. Journal of Structural Engineering，1990，116 (4)：996-1017.

[67] Park Y J，Ang H S. Seismic damage model analysis of reinforced concrete building [J]. Journal of Structural Engineering，1985，111 (4)：740-757.

[68] Chung Y S，Meyer C，Shinozuka M. Modeling of concrete damage [J]. ACI Structural Journal，1989，86 (3)：259-271.

[69] Rui J，Xian W，Wang W D，et al. Experimental study on seismic behaviour of the outrigger truss-core wall spatial joints with peripheral CFST columns [J]. Structure，2022，41 (2022)：1014-1026.

[70] 吕海霞. 高层结构基于整体及构件损伤指标的地震失效评价方法 [D]. 哈尔滨：哈尔滨工业大学，2014.

[71] Salawu O S. Detection of structural damage through changes in frequency：a review [J]. Journal of Engineering Structures，1997，19 (9)：718-723.

[72] Shi Z Y，Law S S，Zhang L M. Improved damage quantification from elemental modal strain energy change [J]. Journal of Engineering Mechanics，2002，128 (5)：521-529.

[73] 朱红武，王孔藩，唐寿高. 模态损伤指标及其在结构损伤评估中的应用 [J]. 同济大学学报（自然科学版），2004，(12)：1589-1592.

[74] 周云鹏. 基于动力响应振型差比的损伤识别研究 [D]. 深圳：深圳大学，2020.

[75] Stephens J E，Yao J T P. Damage assessment using response measurements [J]. Journal of Structural Engineering，1987，113 (4)：787-801.

[76] Ghobarah A，Abouelfath H，et al. Response-based damage assessment of structures [J]. Earthquake Engineering & Structural Dynamics，1999，28 (1)：79-104.

[77] 吴波，李惠，李玉华. 结构损伤分析的力学方法 [J]. 地震工程与工程振动，1997，(01)：15-23.

[78] Darwin D，Nmai C K. Energy dissipation in RC beams under cyclic load [J]. Journal of Structural Engineering，1986，112 (8)：1829-1846.

[79] 宋猛. 基于能量耗散的钢筋混凝土框架结构损伤表征及其量化研究 [D]. 西安：长安

大学，2019.

[80] 杨伟，欧进萍. 基于能量原理的 Park & Ang 损伤模型简化计算方法 [J]. 地震工程与工程振动，2009，29（02）：159-165.

[81] 易伟建，尹翚. 基于位移及滞回耗能的结构抗震性能评估新方法 [J]. 湖南大学学报（自然科学版），2009，36（08）：1-6.

[82] Siddhartha G，Debarati D，Abhinav A K. Estimation of the Park-Ang damage index for planar multi-storey frames using equivalent single-degree systems [J]. Engineering Structures，2011，33（9）：2509-2524.

[83] 徐强，郑山锁，韩言召，等. 基于结构整体损伤指标的钢框架地震易损性研究 [J]. 振动与冲击，2014，33（11）：78-82＋106.

[84] Priestley M J N. The Whittier Narrows，California earthquake of Qctober 1，1987—damage to the I-5/I-605 separator [J]. Earthquake Spectra，1988，4（2）：389-405.

[85] EQE Engineering. The July 16，1990 Pholippines earthquake. [R]. A quick look report，1990.

[86] Jing L，Liang H，Li Y，et al. Characteristics and factors that influenced damage to dams in the Ms 8.0 Wenchuan Earthquake [J]. Earthquake Engineering and Engineering Vibration，2011，10（3）：349-358.

[87] Elnashai A S，Jefferson T，Fiedrich F，et al. Impact of New Madrid seismic zone earthequakes on the central USA：Volume I [R]. Mid-America Earthquack（MAE）Center Report，No. 09-03，2009.

[88] Augenti N，Parisi F. Learning from constrution failures due to the 2009 L'Aquila，Italy，Earthquake [J]. Journal of Structural Engineering，2010，24（6）：536-555.

[89] Ceci A M，Contento A，Fanale L，et al. Structure performance of the historic and modern building of the University of L'Aquila during the seismic events of April 2009 [J]. Engineering Structures，2010，32（7）：1899-1924.

[90] Mahin S A. Effects of duration and aftershocks on inelastic design earthquakes [J]. Proceedings of the Seventh World Conference on Earthquake Engineering，1980，（5）：677-679.

[91] Elnashai A S，Bommer J J，Martinez-Pereira A. Engineering implications of strong-motion records from recent earthquakes [C]. 11th European Conference on Earthquake Engineering，Paris，1998.

[92] Amadio C，Fragiacomo M，Rajgelj S. The effects of repeated earthquake ground motions on the nonlinear response of SDOF systems [J]. Earthquake Engineering and Structural Dynamics，2003，（32）：291-308.

[93] Kihak L，Douglas A F. Performance evaluation of damaged steel frame buildings subjected to seismic loads [J]. Journal of Structural Engineering，2004，130（4）：588-599.

[94] Li Q W，Bruce R E. Performance evaluation and damage assessment of steel frame build-

ings under main shock-aftershock earthquake sequences [J]. Earthquake Engineering and Structural Dynamics，2007，36：405-427.

[95] Oyarzo V C，Chouw N. Effect of earthquake duration and sequences of ground motions on structural responses [C]. 10th International Symposium on Structural Engineering for Young Experts，2008.

[96] George D H，Dimitri E B. Inelastic displacement ratios for SDOF structures subjected to repeated earthquakes [J]. Engineering Structures，2009，31：2744-2755.

[97] George D H. Behavior factors for nonlinear structures subjected to multiple near-fault earthquakes [J]. Computers and Structures，2010，88：309-321.

[98] George D H. Ductility demand spectra for multiple near-and far-fault earthquakes [J]. Soil Dynamics and Earthquake Engineering，2010，30：170-183.

[99] Twigden K，Li X，Ali M，et al. Effect of harmonic excitation sequences on structures [C]. NZSEE Conference，2010.

[100] George D H，Asterios A L. Nonlinear behaviour of RC frames under repeated strong ground motions [J]. Soil Dynamics and Earthquake Engineering，2010，30：1010-1025.

[101] Jorge R，Juan C N. Evaluation of drift demands in existing steel frames under as-recorded far-field and near-fault main shock-aftershock seismic sequences [J]. Engineering Structures，2011，33：621-634.

[102] 欧进萍，吴波. 钢筋混凝土结构在主余震作用下的概率累积损伤分析 [J]. 上海力学，1993，14（4）：63-70.

[103] 欧进萍，何政，吴斌，等. 钢筋混凝土结构基于地震损伤性能的设计 [J]. 地震工程与工程振动，1999，03（01）：21-30.

[104] 马骏驰. Push-over 在考虑两次地震作用下的建筑物震害预测方法中的应用 [D]. 天津：河北工业大学，2004.

[105] 马骏驰，窦远明，苏经宇，等. 考虑接连两次地震影响的建筑物震害分析方法 [J]. 地震工程与工程震动，2004，24（1）：59-62.

[106] 马骏驰，苏经宇，窦远，等. 考虑接连两次地震影响的群体建筑物震害预测方法 [J]. 地震工程与工程振动，2005，25（5）：91-94.

[107] 赵金宝. 主余震作用下钢筋混凝土框架结构的破坏评估 [D]. 北京：中国地震局地球物理研究所，2005.

[108] 温卫平. 基于主余震序列型地震动损伤谱研究 [D]. 哈尔滨：哈尔滨工业大学，2011.

[109] 武坤芳. 基于主余震序列型地震动的 RC 框架结构易损性分析及应用 [D]. 哈尔滨：哈尔滨工业大学，2012.

[110] 李瑜瑜. 主余震地震动作用下 RC 框架地震反应及易损性分析 [D]. 哈尔滨：哈尔滨工业大学，2014.

[111] 陈清军，李文婷. 序列地震动作用下复杂高层结构的反应特征分析 [J]. 力学季刊，2014，(02)：308-320.

[112] 张挺. 主余震序列作用下 SRC 框架-核心筒结构易损性分析 [D]. 西安：西安建筑科技大学，2018.

[113] 杨先霖. 钢筋混凝土框架-剪力墙结构的主余震易损性分析 [D]. 哈尔滨：哈尔滨工业大学，2019.

[114] 李钱，吴轶，Vincent Lee，等. 基于能量及损伤的主余震地震动对超限高层结构抗震性能影响研究 [J]. 建筑结构，2016，(09)：42-47.

[115] 王新悦. 框架-核心筒混合结构在主余震序列作用下的易损性分析 [D]. 哈尔滨：哈尔滨工业大学，2018.

[116] Goda K，Taylor C A. Effects of aftershocks on peak ductility demand due to strong ground motion records from shallow crustal earthquakes [J]. Earthquake Egineering & Structural Dynamics，2012，41 (15)：2311-2330.

[117] Abrahamson N A，Silva W J. Summary of the Abtahamson & Silva NGA ground-motion relation [J]. Earthquake Spectra，2008，24 (1)：67-97.

[118] Campbell K W. Near-source attenuation of peak horizontal acceleration [J]. Bulletin of the Seismological Society of America，1981，71 (6)：2039-2070.

[119] Kanno T，Narita A，Morikawa N，et al. A new attenuation relation for strong ground motion in Japan based on record data [J]. Bulletin of the Seismological Society of America，2006，96 (3)：879-897.

[120] Fukushima Y，Berge-thierry C，Volant P，et al. Attenuation relation for West Eurasia determined with recent near-fault records from California，Japan and Turkey [J]. Journal of Earthquake Engineering，2003，7 (04)：573-598.

[121] Abrahamson N A. Statistical properties of peak ground accelerations recorded by the SMART 1 array [J]. Bulletin of the Seismological Society of America，1988，78 (1)：26-41.

[122] Jayaram N，Baker J W. Statistical tests of the joint distribution of spectral acceleration values [J]. Bulletin of the Seismological Society of America，2008，98 (5)：2231-2243.

[123] ASCE，SEI. Minimum design loads for buildings and other structures ASCE/SEI 7-10 [S]. Reston：American Society of Civil Engineers，2010.

[124] European Committee for Standardisation. Eurocode 8：Design of structures for earthquake resistance——Part 1：General rules，seismic actions and rules for buildings：BS EN 1998-1：2004 [S]. London：Standards Policy and Strategy Committee，2004.

[125] Gutenberg B，Richter C F. Earthquake magnitude，intensity，energy and acceleration [J]. Bulletin of the Seismological Society of America，1942，32 (3)：163-191.

[126] 许卫晓，杨伟松，等. 震中烈度与震级和震源深度经验关系的统计回归分析 [J]. 自

然灾害学报，2016，25（2）：139-145.

[127] 郭锋，吴东明，等. 中外抗震设计规范场地分类对应关系 [J]. 土木工程与管理学报，2011，28（2）：63-66.

[128] 籍多发. 主余震地震特征及结构地震反应分析 [D]. 哈尔滨：哈尔滨工业大学，2018.

[129] 杜云霞. 考虑两次地震作用的 RC 框架结构地震反应分析 [D]. 北京：中国地震局地球物理研究所，2017.

[130] 薛云勤. 主余震序列型地震动作用下 RC 框架结构累计附加损伤研究 [D]. 哈尔滨：中国地震局工程力学研究所，2015.

[131] 中华人民共和国住房和城乡建设部. 建筑抗震试验规程：JGJ/T 101—2015 [S]. 北京：中国建筑工业出版社. 2015.

[132] 韩林海，李威，等. 现代组合结构和混合结构-试验、理论和方法 [M]. 2 版. 北京：科学出版社，2017.

[133] 唐九如. 钢筋混凝土框架节点抗震 [M]. 南京：东南大学出版社，1989.

[134] 周起敬，姜维山，潘泰华. 钢与混凝土组合结构设计施工手册 [M]. 北京：中国建筑工业出版社，1991.

[135] 李威. 圆钢管混凝土柱-钢梁外环板式框架节点抗震性能研究 [D]. 北京：清华大学，2011.

[136] 刘伯权，白绍良，徐云中，等. 钢筋混凝土柱低周疲劳性能的试验研究 [J]. 地震工程与工程振动，1998，18（4）：82-89.

[137] 曲哲，叶列平. 基于有效累积滞回耗能的钢筋混凝土构件承载力退化模型 [J]. 工程力学，2011，28（6）：45-51.

[138] 中华人民共和国住房和城乡建设部. 混凝土结构设计规范：GB 50010—2010（2015 年版）[S]. 北京：中国建筑工业出版社，2015.

[139] Mander J B，Priestley M J N，Park R. Theoretical stress-strain model for confined concrete [J]. Journal of Structural Engineering，1988，114（8）：1804-1826.

[140] 韩林海. 钢管混凝土结构-理论与实践 [M]. 3 版. 北京：科学出版社，2016.

[141] 邱意坤. 高耸混凝土结构地震动强度指标和整体损伤研究 [D]. 北京：北京交通大学，2020.

[142] Lemaitre J. A course on damage mechanics [M]. Berlin：Spring Verlag，1996.

[143] 欧晓英. 强震作用下混凝土结构的整体损伤演化与倒塌安全储备 [D]. 大连：大连理工大学，2014.

[144] 杨伟. 钢筋混凝土结构损伤性能设计及整体抗震能力分析 [D]. 哈尔滨：哈尔滨工业大学，2010.

[145] 任晓阁. 钢筋混凝土-钢框架不规则混合结构加固和抗震性能研究 [D]. 杭州：浙江大学，2018.

[146] 伍敏. 高层建筑结构地震损伤与倒塌分析 [D]. 天津：天津大学，2012.

[147]　魏春明. 现浇钢筋混凝土框架结构施工缝抗震性能 ［D］. 大连：大连理工大学，2016.

[148]　刁波，李淑春，叶英华. 反复荷载作用下混凝土异形柱结构累积损伤分析及试验研究 ［J］. 建筑结构学报，2008，（01）：57-63.

[149]　孟二从. 方钢管再生混凝土柱——再生混凝土深受弯梁混合框架结构抗震性能研究 ［D］. 南宁：广西大学，2016.

[150]　凌玲. 典型山地 RC 框架结构强震破坏模式与易损性分析 ［D］. 重庆：重庆大学，2016.

[151]　Fajfar P. Equivalent ductility factors，taking into account low-cycle fatigue ［J］. Earthquake Engineering & Structural Dynamics，1992，21（10）：837-848.

[152]　Powell G H，Allahabadi R. Seismic damage prediction by deterministic methods：concepts and procedures ［J］. Earthquake Engineering & Structural Dynamics，2010，16（5）：719-734.

[153]　Narendra K，Gosain R，et al. Shear requirements for load reversals on RC members ［J］. Journal of the Structural Division，1977，103（7）：1461-1476.

[154]　李忠献，吕杨，徐龙河，等. 强震作用下钢-混凝土结构弹塑性损伤分析 ［J］. 天津大学学报（自然科学与工程技术版），2014，47（02）：101-107.

[155]　施卫星，汪洋，刘成清. 基于频率测量的高层建筑地震作用损伤分析 ［J］. 西南交通大学学报，2007，（04）：389-394.

[156]　Mohebi B，Chegini A H，Miri T A R. A new damage index for steel MRFs based on incremental dynamic analysis ［J］. Journal of Constructional Steel Research，2019，156（MAY）：137-154.

[157]　杜修力，欧进萍. 建筑结构地震破坏评估模型 ［J］. 世界地震工程，1991，（03）：52-58.

[158]　杨栋，丁大钧，宰金珉. 钢筋混凝土框架结构的地震损伤分析 ［J］. 南京建筑工程学院学报，1995，（04）：8-13.

[159]　Bracci J M，Reinhorn A M，Mander J B，et al. Deterministic model for seismic damage evaluation of reinforced concrete structures ［R］. Technical Report NCEER-89-0033，1989.

[160]　陈亮. 基于预期损伤的高层结构大震设计方法研究 ［D］. 哈尔滨：哈尔滨工业大学，2019.

[161]　Sisoroff F. Description of anisotropic damage applocation fo elasticity ［C］. IUTAM Colloquiu. Physical Nonlinearities in structural analysis，1981.

[162]　秋山宏. 基于能量平衡的建筑结构抗震设计 ［M］. 北京：清华大学出版社，2010.

[163]　周颖，吕西林，卜一. 增量动力分析法在高层混合结构性能评估中的应用 ［J］. 同济大学学报（自然科学版），2010，38（02）：183-187＋193.

[164]　陆新征，叶列平. 基于 IDA 分析的结构抗地震倒塌能力研究 ［J］. 工程抗震与加固改

造，2010，32（01）：13-18.

[165] Vamvatisikos D，Cornell C A. Applied incremental dynamic analysis [J]. Earthquake Spectra，2004，20（2）：523-533.

[166] FEMA P695. Quantification of building seismic performance factors [R]. Federal Emergency Management Agency，Washington，D. C，2009.

[167] Vamvatsikos D，Cornell C A. Incremental dynamic analysis [J]. Earthquake Engineering & Structural Dynamics，2002，31（3）：491-514.

[168] 中华人民共和国国家质量监督检验检疫总局. 中国地震动参数区划图：GB 18306—2015 [S]. 北京：中国标准出版社，2016.

[169] Belejo A，Barbosa A R，Bento R. Influence of ground motion duration on damage index-based fragility assessment of a plan-asymmetric non-ductile reinforced concrete building [J]. Engineering Structures，2017，151：682-703.

[170] Shokrabadi M，Burton H V. Risk-based assessment of aftershock and mainshock-aftershock seismic performance of reinforced concrete frames [J]. Structural Safety，2018，73：64-74.

[171] Kafali C，Grigoriu M. Seismic fragility analysis：application to simple linear and nonlinear systems [J]. Earthquake Engineering & Structural Dynamics，2007，36（13）：1885-1900.

[172] Minas S，Chandler R E，Rossetto T. BEA：an efficient Bayesian emulation-based approach for probabilistic seismic response [J]. Structural Safety，2018，74：32-48.

[173] 王丹. 钢框架结构的地震易损性及概率风险分析 [D]. 哈尔滨：哈尔滨工业大学，2006.

[174] 刘洋冰. 钢-混凝土组合结构体系抗震性能研究与地震易损性分析 [D]. 北京：清华大学，2009.

[175] 芮佳，张举涛. 甘肃省体育馆钢桁架防连续倒塌分析与机理研究 [J]. 建筑结构，2018，48（11）：57-63.

[176] 张举涛，芮佳，等. 甘肃省体育馆比赛馆结构设计与分析 [J]. 建筑结构，2019，49（2）：1-6.